FiNALEonline.de

FiNALEonline.de ist die digitale Ergänzung zu deinem Arbeitsbuch. Hier findest du eine Vielzahl an Angeboten, die dich zusätzlich bei deiner Prüfungsvorbereitung in Mathematik unterstützen!

Die FiNALE Lernvideos

Passend zu deinem FiNALE Arbeitsbuch findest du auf FiNALEonline.de über 50 Lernvideos mit Schritt-für-Schritt-Erklärungen. Modelle, Skizzen und Zeichnungen veranschaulichen die Aufgaben und Moderator Christoph begleitet dich zur Lösung.

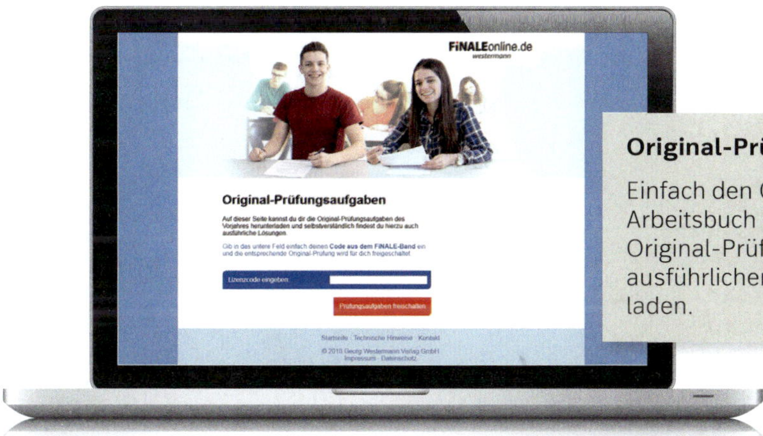

Original-Prüfungsaufgabe

Einfach den Code aus dem Fi Arbeitsbuch (S. 2) eingeben u Original-Prüfung des Vorjahre ausführlichen Lösungen heru laden.

Für Lehrerinnen und Lehrer:
Die Lehrerhandreichung für den optimalen Einsatz der Arbeitsbücher im Unterricht zum kostenlosen Download!

Tipps zur Prüfungsvorbereitung

Eine erfolgreiche Abschlussprüfung erfordert eine gezielte Vorbereitung ohne unnötigen Lernstress.
Auf FiNALEonline.de findest du jede Menge Tipps, die dir das Lernen erleichtern.

FiNALE Online-Grundlagentraining

Du hast noch Lücken aus den vorherigen Schuljahren? Kein Problem! Das Online-Grundlagentraining auf FiNALEonline.de hilft dir dabei, wichtigen Lernstoff nachzuarbeiten und zu wiederholen. Und so funktioniert es:

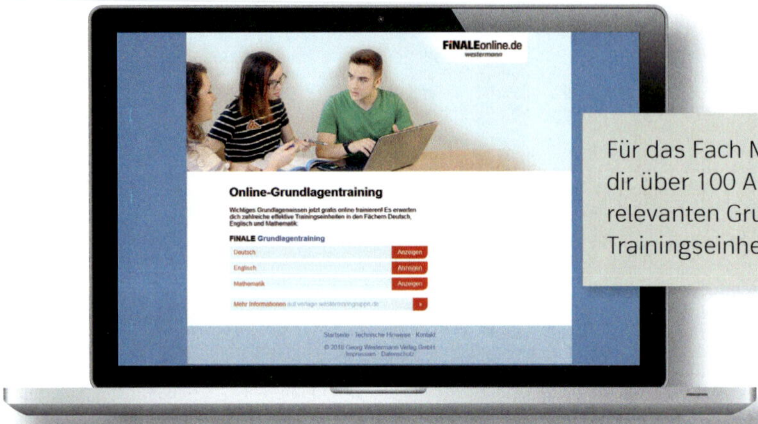

Für das Fach Mathematik stehen dir über 100 Aufgaben zu prüfungsrelevanten Grundlagen in kurzen Trainingseinheiten zur Verfügung.

Entscheide selbst, ob du alle Trainingseinheiten nacheinander bearbeiten möchtest oder lieber das gewünschte Thema gezielt auswählst.

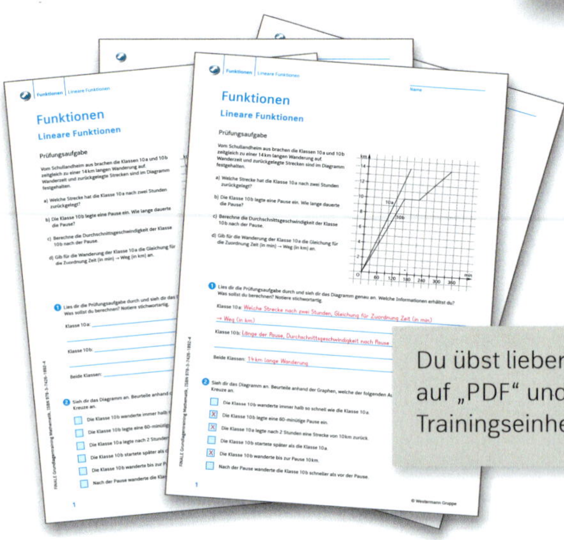

Du übst lieber auf Papier? Dann klicke auf „PDF“ und drucke dir die gewünschte Trainingseinheit einfach aus.

Unser Tipp für Lehrerinnen und Lehrer: Nutzen Sie unsere vielfältigen Arbeitsblätter auch für Ihren Unterricht.

Die Kombination aus Arbeitsbuch und FiNALEonline.de bietet dir die optimale Vorbereitung und begleitet dich sicher auf deinem Weg zu einer erfolgreichen Abschlussprüfung.

westermann

FiNALE Prüfungstraining

Mittlerer Schulabschluss
Realschule, Hauptschule Typ B und
Gesamtschule Erweiterungskurs

2020

Mathematik

Nordrhein-Westfalen

Bernhard Humpert
Prof. Dr. Dominik Leiss
Dr. Martina Lenze
Dr. Bernd Liebau
Ursula Schmidt
Peter Welzel

FiNALEonline.de

Liebe Schülerin, lieber Schüler,

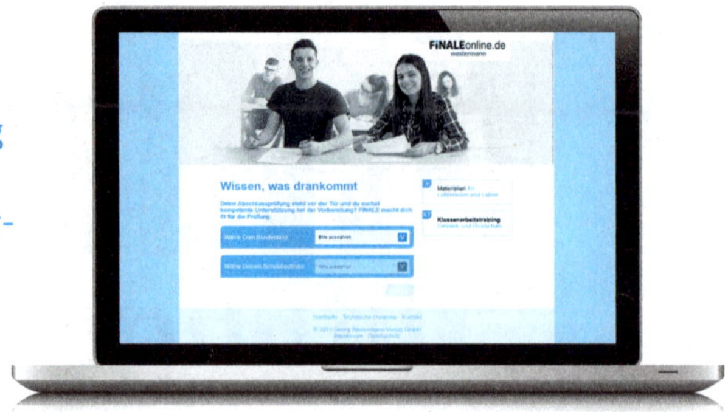

sobald die Original-Prüfungsaufgaben zur Veröffentlichung freigegeben sind, können sie unter www.finaleonline.de zusammen mit ausführlichen Lösungen kostenlos heruntergeladen werden. Gib dazu einfach diesen Code ein:

MAp72kn

Einfach mal reinschauen: www.finaleonline.de

Bildquellennachweis
Arbeitsbuch:
|Imago, Berlin: ActionPictures 48; Focus Images 48. |Leiss, Prof. Dr. Dominik, Lüneburg: 51, 77, 77. |Lenze, Dr. Martina, Berlin: 59, 65, 87. |Microsoft Deutschland GmbH, München: 7, 18, 19, 40, 51, 76, 76, 76, 80. |Picture-Alliance GmbH, Frankfurt/M.: 47; dpa 47. |Schmidt, U., Kamen: 84. |wikimedia.commons: CC-Lizenz 1.0 65.

Lösungsheft:
|Microsoft Deutschland GmbH, München: 11.

Wir arbeiten sehr sorgfältig daran, für alle verwendeten Abbildungen die Rechteinhaberinnen und Rechteinhaber zu ermitteln. Sollte uns dies im Einzelfall nicht vollständig gelungen sein, werden berechtigte Ansprüche selbstverständlich im Rahmen der üblichen Vereinbarungen abgegolten.

westermann GRUPPE

Druck A^1 / Jahr 2019
Alle Drucke der Serie A sind im Unterricht parallel verwendbar.

Redaktion: Dr. Heike Bütow
Kontakt: finale@westermanngruppe.de
Layout: Druckreif! Sandra Grünberg, Braunschweig
Umschlaggestaltung: Gingco.Net, Braunschweig
Umschlagfoto: Peter Wirtz, Dormagen
Zeichnungen: Peter Langner; Illustrationen: Dietmar Griese
Druck und Bindung: westermann druck GmbH, Braunschweig

ISBN 978-3-7426-**2008**-8

Inhaltsverzeichnis

Die **Lösungen zu den beiden Eingangstests** (S. 6 – 11 und S. 42 – 51) befinden sich hier im Arbeitsbuch (S. 12 – 34 und S. 52 – 77).

Der **Link** neben der Lösung der Eingangstestaufgaben führt zum **Video,** in dem alles noch einmal Schritt für Schritt erklärt wird.

Die **Lösungen zu allen anderen Aufgaben** befinden sich im beigelegten Lösungsheft.

Ebenso steht im Lösungsheft die für die Prüfung zugelassene **Formelsammlung.**

Liebe Schülerin, lieber Schüler,

um den Mittleren Schulabschluss zu erwerben, musst du am Ende des Schuljahres 2019/20 eine zentrale Prüfung im Fach Mathematik schreiben.

Dieses **FiNALE**-***Arbeitsbuch*** und das beiliegende ***Lösungsheft*** sollen dir helfen, dich selbstständig auf diese wichtige Prüfung vorzubereiten. Damit du weißt, wie du dieses Arbeitsbuch benutzen kannst, beschreiben wir im Folgenden kurz dessen Aufbau. Eine Kurzübersicht findest du auf der rechten Seite.

Grundsätzlich gliedert sich das Arbeitsbuch in die drei Teile A, B und C. Diese Teile solltest du möglichst von vorn nach hinten durcharbeiten, da dies eine erprobte und gute Prüfungsvorbereitung gewährleistet:

Teil A – Basisaufgaben

In Teil A wird das Bearbeiten von Basisaufgaben trainiert. Im ersten Abschnitt steht ein ***Eingangstest zu den Basisaufgaben,*** der dir zeigen soll, was du schon kannst. Hinter jeder Aufgabenüberschrift ist vermerkt, auf welcher Seite des Arbeitsbuches du die Lösung der Eingangstestaufgabe findest.

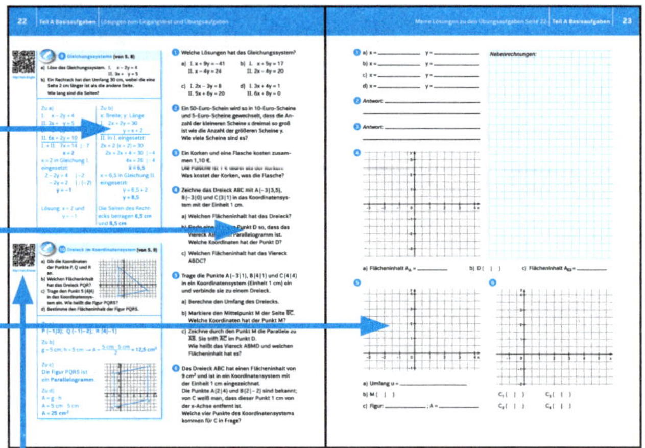

Auf den Seiten 12 – 35 findest du jeweils Doppelseiten. Auf der linken Doppelseite stehen in der linken Spalte die ausführlichen ***Lösungen der Eingangstestaufgaben.***

In der rechten Spalte stehen weitere ***Übungsaufgaben*** zu den jeweiligen Themen.

Auf der rechten Doppelseite findest du Platz für die ***Lösungen der Übungsaufgaben.***

Auf den Seiten 36 – 41 findest du einen ***Abschlusstest zu den Basisaufgaben*** mit ähnlichen Aufgaben wie im Eingangstest. Er soll dir zeigen, wie viel du bereits durch das **FiNALE**-Vorbereitungstraining gelernt hast. Die Lösungen zu den Übungsaufgaben und zu den Abschlusstestaufgaben findest du im beiliegenden ***Lösungsheft.***

Videos

Der Link neben den Lösungen der Eingangstestaufgaben führt zum Video, in dem dir die Lösungen noch einmal Schritt für Schritt erklärt werden.

Teil B – Komplexe Aufgaben

Nachdem du die Basisaufgaben geübt hast, wird in Teil B das Bearbeiten von komplexeren Aufgaben trainiert. Der Aufbau dieses Teils ist ähnlich wie der des Teils A. Das heißt, er fängt mit einem ***Eingangstest zu komplexen Aufgaben*** an, danach folgen Seiten mit den ***Lösungen der Eingangstestaufgaben*** und den dazugehörigen ***Übungsaufgaben.*** Die Lösungen der Übungsaufgaben musst du nun allerdings in dein Matheheft schreiben. Am Ende findest du einen ***Abschlusstest mit komplexen Aufgaben.*** Die Lösungen zu den Übungsaufgaben sowie zum Abschlusstest findest du im beiliegenden ***Lösungsheft.***

Teil C – Original Prüfungsarbeiten

Hier sind komplette Original-Prüfungsarbeiten aus früheren Jahren abgedruckt. Mindestens eine dieser Arbeiten solltest du unter Prüfungsbedingungen bearbeiten. Bitte bearbeite die Prüfungsarbeit in der vorgeschriebenen Zeit und verwende nur die zugelassenen Hilfsmittel. Die Lösungen zu den Originalarbeiten sind im Lösungsheft abgedruckt. Da zum Zeitpunkt der Drucklegung dieses Arbeitsbuches die Prüfungsarbeiten 2019 noch nicht freigegeben sind, kannst du sie unter www.finaleonline.de mit dem Codewort MAp72kn herunterladen.

Formelsammlung

Bei der zentralen Prüfung im Fach Mathematik bekommen die Schülerinnen und Schüler eine Formelsammlung. Du findest sie auf den ersten Seiten im beiliegenden Lösungsheft und solltest sie verwenden, wenn du dieses Arbeitsbuch durcharbeitest.

Wegen der zahlreichen Aufgaben zur Prüfungsvorbereitung empfehlen wir dir die Benutzung eines **Übungstagebuchs,** das du unter www.finaleonline.de mit dem Codewort MAp72kn herunterladen kannst.

Arbeitsbuch

Teil A – Basisaufgaben

Arbeitsbuch		Lösungsheft
Eingangstest		
21 Basisaufgaben	Seiten 6 – 11	
Lösungen Eingangstest & Übungen		**Lösungen Übungen**
56 Übungsaufgaben	Seiten 12 – 35	Seiten 9 – 18
Abschlusstest		**Lösungen Abschlusstest**
21 Basisaufgaben	Seiten 36 – 41	Seiten 19 – 23

Teil B – Komplexe Aufgaben

Arbeitsbuch		Lösungsheft
Eingangstest		
26 Komplexe Aufgaben	Seiten 42 – 51	
Lösungen Eingangstest & Übungen		**Lösungen Übungen**
87 Übungsaufgaben	Seiten 52 – 77	Seiten 24 – 46
Abschlusstest		**Lösungen Abschlusstest**
26 Komplexe Aufgaben	Seiten 78 – 87	Seiten 47 – 55

Teil C – Original Abschlussarbeiten

Arbeitsbuch		Lösungsheft
Prüfungsaufgaben		**Lösungen Prüfungen**
Arbeiten 2018, 2017, 2016, 2015	Seiten 88 – 111	Seiten 56 – 66

Lösungsheft

Hast du noch Lücken aus den vorherigen Schuljahren? Dann empfehlen wir dir das **FiNALE** Grundlagentraining Mathematik (ISBN 978-3-7426-1892-4). Es bietet prüfungsrelevantes Grundlagenwissen zum Nachschlagen und Üben. Ergänzend dazu findest du unter www.finaleonline.de/grundlagentraining ein kostenloses Online-Training bestehend aus interaktiven Übungsaufgaben und Arbeitsblättern zum Ausdrucken.

Eingangstest – Basisaufgaben

1 Rechnen und Ordnen (Lösung Seite 12)

a) Berechne.

(1) $\frac{3}{4}$ von 8 $\frac{3}{4} \cdot 8 = 6$

(2) $\frac{3}{5} \cdot (-15) \cdot (-0{,}1)$ $= 0{,}9$

(3) $-(3{,}8 - 4{,}2) + (-1{,}7 - 1{,}3) : (-5)$ 1

(4) die Differenz der Zahlen 6,5 und −5,4 11,9

(5) die Summe der Zahlen 1,6 und −4,5 −2,9

(6) den Quotienten der Zahlen −3,5 und −0,7 5

b) Ordne die Zahlen: $\frac{3}{4}$; $1\frac{3}{5}$; 0,6; $-\frac{1}{2}$; $\frac{4}{3}$; 0,5; −0,7

$-0{,}7 < -\frac{1}{2} < 0{,}5 < 0{,}6 < \frac{3}{4} < \frac{4}{3} < 1\frac{3}{5}$

2 Rechteck (Lösung Seite 12)

Ein Rechteck ist 8 cm lang und hat einen Umfang von 30 cm.
Wie groß ist sein Flächeninhalt?

Flächeninhalt: A = $8 \cdot 7 = 56\,cm^2$

$8 + 8 = 16$ $\quad 14 : 2 = 7$

$30 - 16 = 14$ $\quad 8 \cdot 7 = 56\,cm^2$

3 Nutzflächen in Deutschland (Lösung Seite 14)

In dem Diagramm rechts wird dargestellt, wie die Flächen in Deutschland genutzt werden.

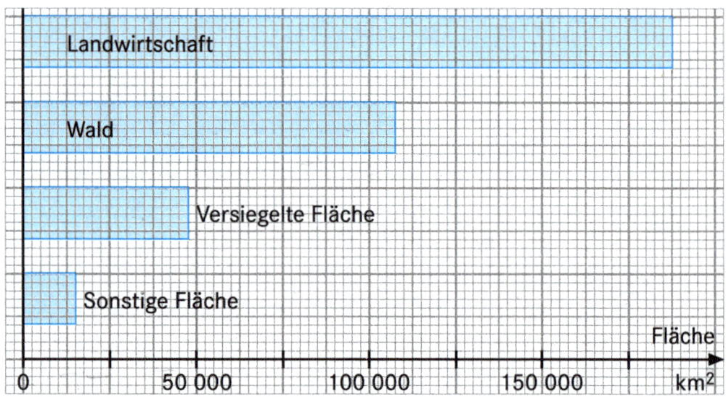

a) Wie viel km^2 entsprechen 1 mm?

1 mm ≙ ________ km^2

b) (1) Lies aus dem Diagramm ab und fülle die Tabelle aus.

(2) Bestimme die relativen Häufigkeiten und trage sie in die Tabelle ein. Runde auf eine Nachkommastelle.

	Flächeninhalt (in km^2)	Relative Häufigkeit (in %)
Landwirtschaft		
Wald		
Versiegelte Fläche		
Sonstige Fläche		
Gesamtfläche		

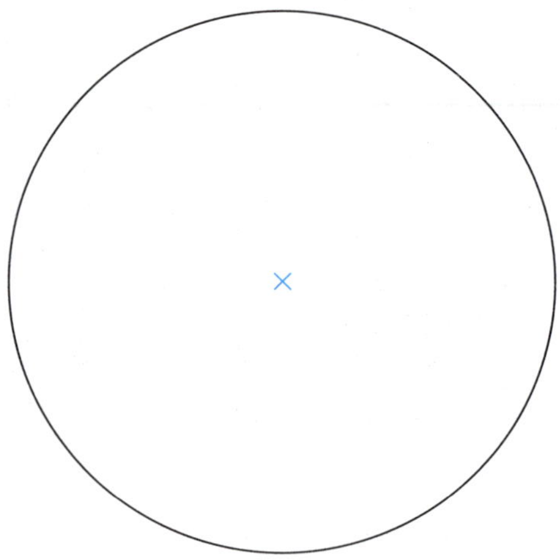

(3) Stelle die Anteile in einem Kreis- und einem Streifendiagramm dar.

Streifendiagramm:

4 Zuordnungen (Lösung Seite 16)

In welchem Graphen erkennst du proportionale (p) oder antiproportionale (a) Zuordnungen?
Wo liegt keines von beiden (k) vor?
Kreuze jeweils p, a oder k an.

1	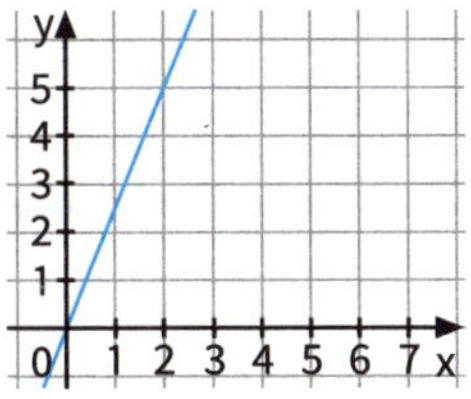	☒ p ☐ a ☐ k	2	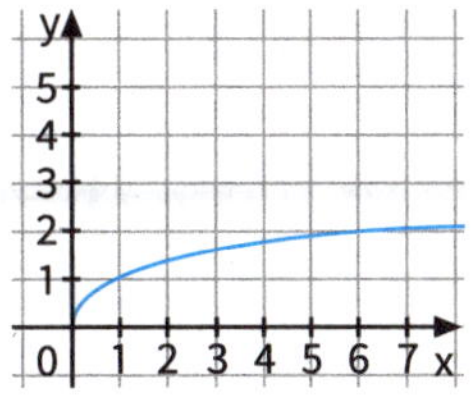	☐ p ☐ a ☐ k
3	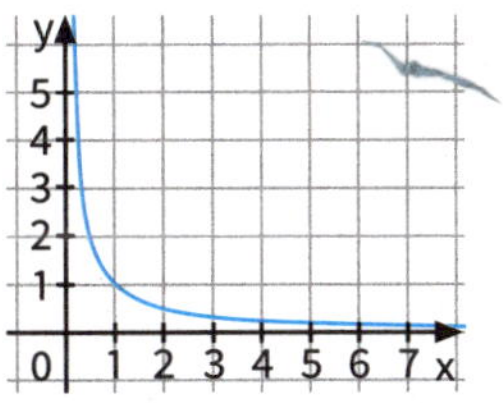	☐ p ☒ a ☐ k	4	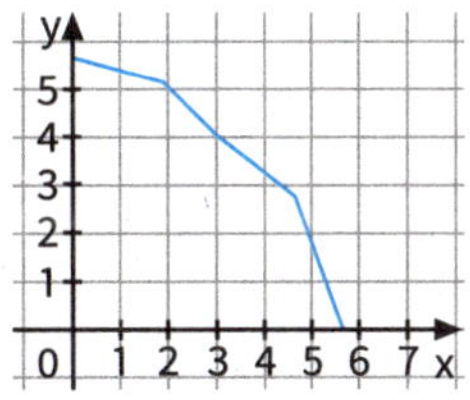	☐ p ☐ a ☐ k

5 Prozente (Lösung Seite 16)

a) Wie viel sind 30 % von 250 €?

75 €

b) Wie viel Prozent sind 25 cm von 5 m?

$\frac{25}{500}$ = 0,05 = 5%

c) Von wie viel Kilogramm sind 5 % genau 10 kg?

200 · 0,05 = 10 kg

d) Ein Kapital von 620 € wird ein Jahr lang mit 4 % verzinst.
Berechne die Jahreszinsen.

620 · 1,04 = 644,8 €

644 − 620 = 24,8 €

6 Wintercheck (Lösung Seite 18)

Frau König lässt ihr Auto in der Werkstatt auf den Winter vorbereiten. Für Materialien und Arbeitsleistungen erstellt die Werkstatt die Rechnung mithilfe einer Tabellenkalkulation.

	A	B	C	D
1	**Artikelbezeichnung**	**Menge**	**Einzelpreis**	**Gesamtpreis**
2				
3	Reifen 195/65R WinterGrip	4	70,92 €	283,68 €
4	Glühlampen	2	2,03 €	4,06 €
5	Motoröl (in Liter)	1,5		24,75 €
6				
7	Winterräder montieren			18,91 €
8	Wintercheck durchführen			16,72 €
9				
10	**Zwischensumme**			348,12 €
11	Mehrwertsteuer (in %)	19		66,14 €
12				
13	**Rechnungsbetrag**			414,26 €
14				

a) In welcher Zelle findest du den Einzelpreis für einen Reifen?

3C

b) Gib an, wie teuer 1 Liter Motoröl (ohne MwSt.) ist.

24,75 : 1500 → · 1000 = 16,5 €/ℓ / 19,63 €

c) Gib eine Formel an, mit der man die Zwischensumme in Zelle D10 berechnen kann.

D3 + D4 + D5 + D7 + D8 =

d) Welche Formeln könnten in D11 stehen? Kreuze alle richtigen an.

☒ = D10 * 0,19 ☐ = D10 / B11*100 ☐ = D10*B11/100 ☐ = 348,12 € / B11

7 Gleichungen und Graphen (Lösung Seite 18)

Ordne den Graphen (g_1, g_2, ...g_6) die zugehörige Funktionsgleichung zu. Zwei Gleichungen passen zu keinem Graphen.

	$y = -0{,}5x^2$
	$y = x - 2$
	$y = -x - 2$
	$y = x^2 + 2x + 2$

	$y = -2x^2$
	$y = 2x^2$
	$y = -x + 2$
	$y = 0{,}5x^2$

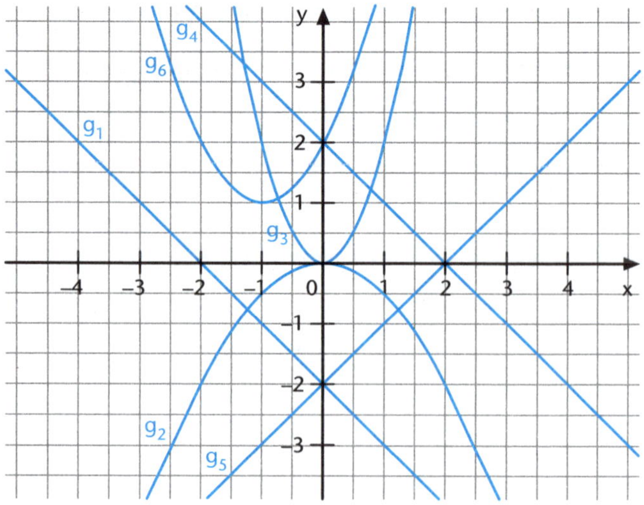

8 Tablet (Lösung Seite 20)

Im Internet wird ein Tablet zu folgenden Preisen angeboten.

256 € 252 € 320 € 269 € 279 €

a) Gib den Median (Zentralwert), die Spannweite und das arithmetische Mittel der Preise an.

Median: ________________

Spannweite: ________________

Arithmetisches Mittel: ________________

b) Berücksichtigt man noch ein sechstes Angebot, beträgt das arithmetische Mittel nur noch 264 €. Wie teuer ist das Tablet aus diesem Angebot?

____

9 Gleichungssysteme (Lösung Seite 22)

a) Löse das Gleichungssystem.

I. $x - 2y = 4$
II. $3x + y = 5$

x = __________ y = __________

b) Ein Rechteck hat den Umfang 30 cm, wobei die eine Seite 2 cm länger ist als die andere Seite. Wie lang sind die Seiten?

Länge: __________ Breite: __________

10 Dreieck im Koordinatensystem
(Lösung Seite 22)

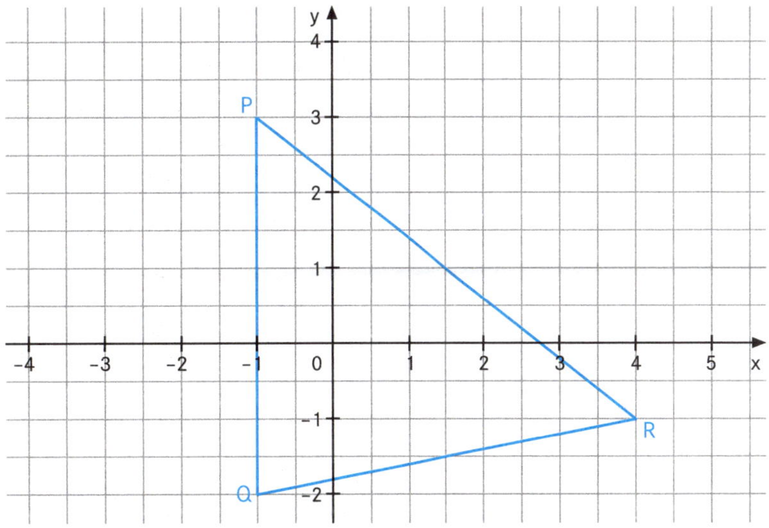

a) Gib die Koordinaten der Punkte P, Q und R an.
P(|), Q(|), R(|)

b) Welchen Flächeninhalt hat das Dreieck PQR?

A = ____________________

c) Trage den Punkt S(4|4) in das Koordinatensystem ein. Wie heißt die Figur PQRS?

____

d) Bestimme den Flächeninhalt der Figur PQRS.

A = ____________________

11 Schätzen **(Lösung Seite 24)**

Kreuze an, welche Maßangabe stimmen könnte. **TIPP:** Schätze zuerst die Maße.

Oberfläche

☐ 300 dm² ☐ 30 cm²
☐ 0,3 m² ☐ 30 000 mm²

Volumen des Badewassers

☐ 550 *l* ☐ 55 000 cm³
☐ 5,5 m³ ☐ 5 500 000 mm³

Höhe eines Kirchturms

☐ 850 mm ☐ 85 dm
☐ 85 000 cm ☐ 0,085 km

12 Umzug **(Lösung Seite 24)**

Für den Transport von 90 Umzugskartons sucht Familie Meyer bei einer Leihfirma ein geeignetes Fahrzeug. Ein Karton hat folgende Abmessungen (in mm): 600 x 330 x 340.
Es stehen Transporter mit einem Ladevolumen von 5,8 m³ und 9,5 m³ zur Auswahl. Welchen Transporter würdest du empfehlen? Begründe rechnerisch.

13 Aussagen (Lösung Seite 26)

Welche der folgenden Sachtexte passen zu der Gleichung $x + (x - 3) = 60$? Kreuze an.

1	Vera ist drei Jahre jünger als Max. Zusammen sind sie 60 Jahre alt.	☐ Ja	☐ Nein
2	Eine Lostrommel enthält dreimal so viele Nieten wie Gewinnlose. Insgesamt sind 60 Lose in der Trommel.	☐ Ja	☐ Nein
3	Familie Maier legt auf ihrer zweitägigen Radtour insgesamt 60 km zurück. Am zweiten Tag fahren sie 3 km weniger als am ersten Tag.	☐ Ja	☐ Nein
4	Ein 60 m^2 großer Saal wird mit Parkett ausgelegt. Länge und Breite des Raumes unterscheiden sich um 3 Meter.	☐ Ja	☐ Nein

14 Parabeln in verschiedenen Darstellungen (Lösung Seite 26)

Eine Parabel hat den Scheitelpunkt $S(3\,|-15)$ und ist gegenüber der Normalparabel um den Faktor $a = 2$ gestreckt.
Gib die Scheitelpunktform der Parabel an und wandle diese in die allgemeine Form um.

15 Farbige Kugeln (Lösung Seite 26)

Aus einem Behälter mit 3 roten, 5 grünen und 2 blauen gleichartigen Kugeln wird eine verdeckt gezogen. Berechne die Wahrscheinlichkeiten für „blau“ und für „nicht rot“.

a) P (blau) = ____________

b) P (nicht rot) = ____________

16 Zylinder (Lösung Seite 28)

a) Skizziere das Netz eines Zylinders.

b) Ein Zylinder hat eine Grundfläche mit dem Radius 14 cm und ist 8 cm hoch.
Bestimme den Oberflächeninhalt des Zylinders gerundet auf ganze cm^2.

Oberflächeninhalt: ____________

17 Gehaltskürzungen (Lösung Seite 28)

Eine Tageszeitung schrieb am 18. Juli 2012 folgenden Artikel:

Spaniens König kürzt eigenes Gehalt

Unter dem Druck der Finanzkrise nimmt auch Spaniens König Juan Carlos Gehaltseinbußen in Kauf. Wie das Königshaus am Dienstag mitteilte, sollen die staatlichen Zuwendungen für den spanischen Monarchen um 7,1 Prozent gekürzt werden. Dies entspreche jährlichen Gehaltseinbußen von 20 910 Euro. Das Jahresgehalt von Kronprinz Felipe wird um 10 455 Euro gekürzt.

Kreuze alle Fragen an, die man mithilfe dieses Artikels beantworten kann:

(1) ☐ Wie viel Euro jährliche Gehaltseinbußen hatten der König und der Prinz zusammen?

(2) ☐ Wurden beide Gehälter um denselben Prozentsatz gekürzt?

(3) ☐ Wie hoch war das Jahresgehalt von Felipe vor der Kürzung?

(4) ☐ Wie hoch war das Jahresgehalt des Königs nach der Kürzung?

(5) ☐ War das Jahresgehalt des Königs vor der Kürzung doppelt so hoch wie das Jahresgehalt von Felipe?

18 Dynamischer Flächeninhalt (Lösung Seite 30)

Mit einer dynamischen Geometrie-Software wurde die Strecke $\overline{AB}$ mit der Länge 4 cm erstellt und ein Kreis um A mit dem Radius $\overline{AB}$ gezeichnet. C ist ein Punkt auf dem Kreis um A. Das Dreieck ABC hat für $\alpha = 110°$ einen Flächeninhalt von $7{,}52\ cm^2$. Beschreibe die Veränderungen der Seitenlängen, der Winkelgrößen und des Flächeninhalts des Dreiecks, wenn du den Punkt C auf dem Kreis um A bewegst.

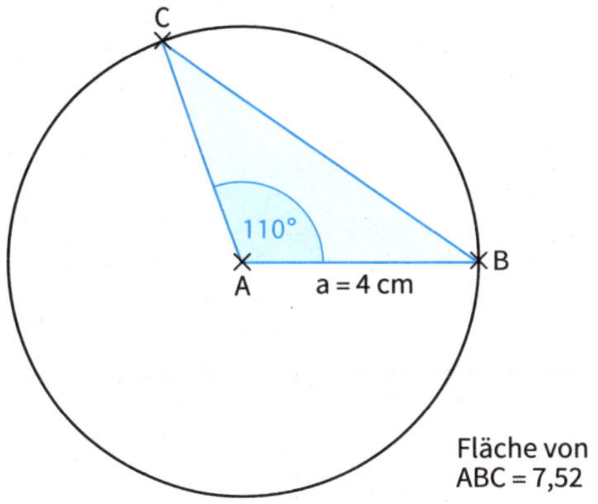

19 Würfel (Lösung Seite 32)

Rechts siehst du die Netze zweier Würfel.
Der Würfel (1) hat nur die Zahlen 3 und 4, der Würfel (2) die Zahlen 3, 4 und 6.

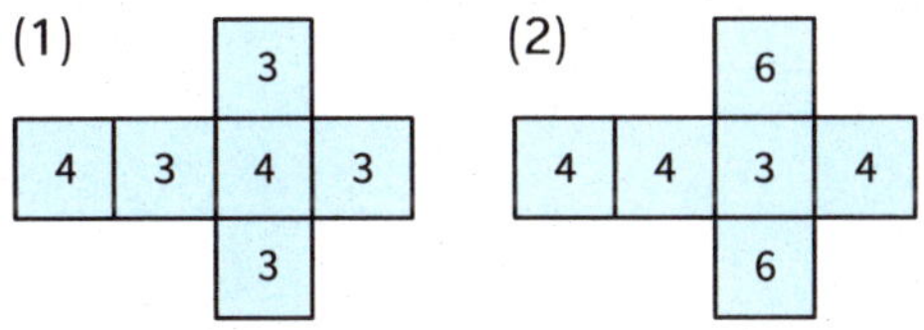

a) Gib die Wahrscheinlichkeit an, mit Würfel (1) eine Vier zu würfeln. ______

b) Gib die Wahrscheinlichkeit an, mit Würfel (2) eine Augenzahl größer als 3 zu würfeln. ______

c) Mit einem der beiden Würfel wurde 1000-mal gewürfelt und dabei 324-mal die Vier erzielt. Welcher Würfel ist das vermutlich gewesen? Begründe.

20 Buchstaben-Design (Lösung Seite 34)

Emil ist Designer und entwirft neue Schriftarten für den Computer. Er beginnt mit dem Entwurf des Buchstabens A (siehe Abbildung rechts). Den noch fehlenden Querstrich möchte er aus ästhetischen Gründen so einzeichnen, dass er

- $\frac{1}{3}$ der unteren Breite des Buchstabens als Länge hat und
- parallel zum Boden verläuft.

Berechne zunächst, wo Emil den Querstrich einzeichnen muss. Zeichne den Buchstaben auf ein extra Blatt. Zeichne den Querstrich ein und überprüfe an der Zeichnung deine Berechnung.

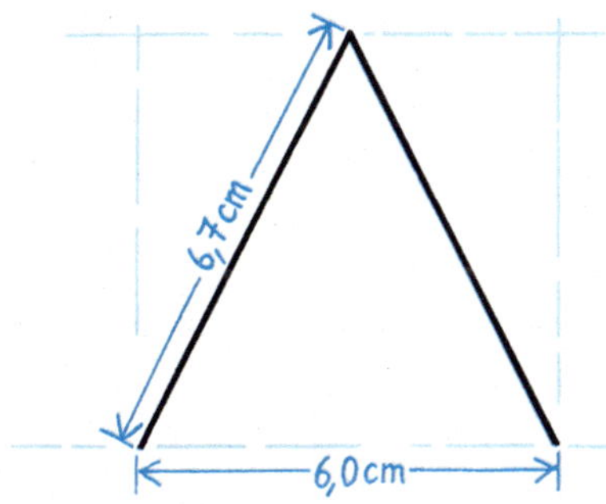

21 Lineare Funktion (Lösung Seite 34)

Die Graphen der Funktionen f mit der Gleichung $y = 0{,}5x - 3$ und g mit der Gleichung $y = -2x - 3$ wurden in einem Koordinatensystem dargestellt.
Beschreibe – ohne zu zeichnen – Lage und Verlauf der beiden Graphen.

http://nale.fi/kwzu

http://nale.fi/ukgh

1 Rechnen und Ordnen (von S. 6)

a) Berechne.

(1) $\frac{3}{4}$ von 8

(2) $\frac{3}{5} \cdot (-15) \cdot (-0{,}1)$

(3) $-(3{,}8 - 4{,}2) + (-1{,}7 - 1{,}3) : (-5)$

(4) die Differenz der Zahlen 6,5 und −5,4

(5) die Summe der Zahlen 1,6 und −4,5

(6) den Quotienten der Zahlen −3,5 und −0,7

b) Ordne die Zahlen: $\frac{3}{4}$; $1\frac{3}{5}$; 0,6; $-\frac{1}{2}$; $\frac{4}{3}$; 0,5; −0,7

Zu a)

(1) $\frac{3}{4} \cdot 8 = \frac{3}{4} \cdot \frac{8}{1} = \frac{24}{4} = \mathbf{6}$

(2) $\frac{3}{5} \cdot (-15) \cdot (-0{,}1) = \frac{3}{5} \cdot 1{,}5 = 0{,}6 \cdot 1{,}5 = \mathbf{0{,}9}$

(3) $-(3{,}8 - 4{,}2) + (-1{,}7 - 1{,}3) : (-5)$
$= -(-0{,}4) + (-3) : (-5) = 0{,}4 + 0{,}6 = \mathbf{1}$

(4) $6{,}5 - (-5{,}4) = 6{,}5 + 5{,}4 = \mathbf{11{,}9}$

(5) $1{,}6 + (-4{,}5) = 1{,}6 - 4{,}5 = \mathbf{-2{,}9}$

(6) $-3{,}5 : (-0{,}7) = 3{,}5 : 0{,}7 = 35 : 7 = \mathbf{5}$

Zu b)

$-0{,}7 < -\frac{1}{2} < 0{,}5 < 0{,}6 < \frac{3}{4} < \frac{4}{3} < 1\frac{3}{5}$

http://nale.fi/wdkk

2 Rechteck (von S. 6)

Ein Rechteck ist 8 cm lang und hat einen Umfang von 30 cm.
Wie groß ist sein Flächeninhalt?

Skizze:

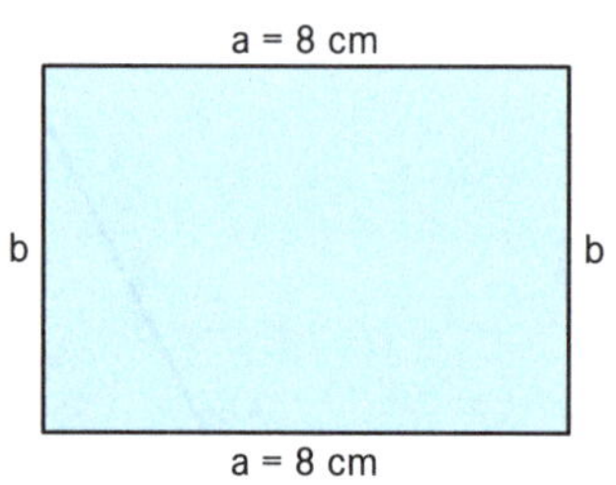

Gegeben:
Länge einer Rechteckseite: a = 8 cm
Umfang des Rechtecks: u = 2a + 2b = 30 cm
Gesucht: Flächeninhalt A des Rechtecks
Um A = a · b zu ermitteln, wird die Länge der zweiten Rechteckseite b benötigt.

$u = 2 \cdot a + 2 \cdot b$
$30\text{ cm} = 2 \cdot 8\text{ cm} + 2b$
$30\text{ cm} = 16\text{ cm} + 2b \quad | -16\text{ cm}$
$14\text{ cm} = 2b \quad | :2$
$7\text{ cm} = b$

$A = a \cdot b$
$A = 8\text{ cm} \cdot 7\text{ cm}$
$\mathbf{A = 56\text{ cm}^2}$

1 (1) Dividiere die Differenz aus 11 und 8 durch 5.
(2) Berechne $\frac{1}{5}$ von der dritten Potenz von −2.
(3) Halbiere die Differenz aus 2,9 und 5,7.
(4) Bilde die Summe aus 2,5 und dem Produkt der Zahlen −3 und 1,5.
(5) Welche Zahl muss mit 4,8 multipliziert werden, um −1,2 zu erhalten?
Stelle die Ergebnisse an der Zahlengeraden dar.

2 Ordne der Größe nach, beginne mit der kleinsten Zahl.

a) 0,4 $\quad \frac{3}{6} \quad$ 0,38 $\quad \frac{1}{4} \quad \frac{3}{8} \quad$ 0,44

b) $-1\frac{1}{2} \quad -\frac{7}{5} \quad -\frac{3}{4} \quad -0{,}8 \quad -\frac{11}{8} \quad -1{,}3$

c) $0{,}7 \quad -\frac{3}{4} \quad -1{,}34 \quad \frac{4}{5} \quad -\frac{4}{3} \quad \frac{17}{20}$

3 Ein Rechteck ist 7 cm breit und 3 cm länger als breit. Berechne Flächeninhalt und Umfang dieses Rechtecks.

4 Ein Baugrundstück ist rechteckig und hat die Maße 32 m x 24 m.

a) Wie viel Quadratmeter ist es groß?

b) Wie teuer ist das Grundstück, wenn es pro Quadratmeter 75 € kostet?

5 Ein alter Sportplatz wird umgebaut. Im blau gefärbten Teil wird ein Bolzplatz mit einem Kunststoffboden angelegt. Auf dem restlichen Teil des alten Platzes wird Rasen gesät.

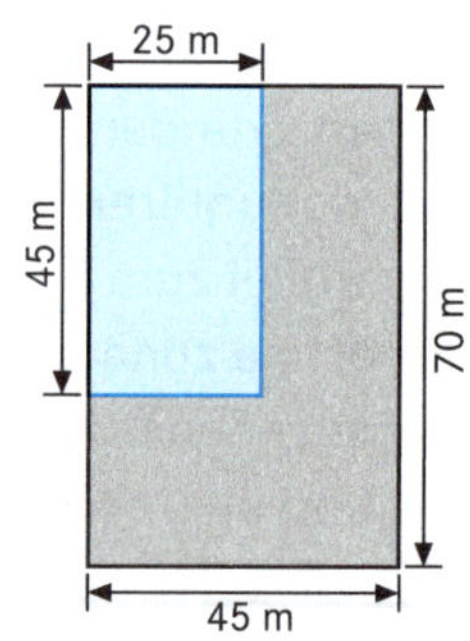

a) Der Bolzplatz wird von einem hohen Drahtzaun eingefasst. An drei Stellen im Zaun sind ein Meter breite Türen eingelassen. Berechne, wie viel Meter Drahtzaun benötigt werden.

b) Wie viel Quadratmeter Kunststoffboden werden benötigt?

c) Ein Sack mit 25 kg Rasensamen reicht für 800 m². Ermittle, wie viele Säcke Rasensamen für den neuen Rasen gekauft werden müssen.

1 *Terme und Rechnungen:*

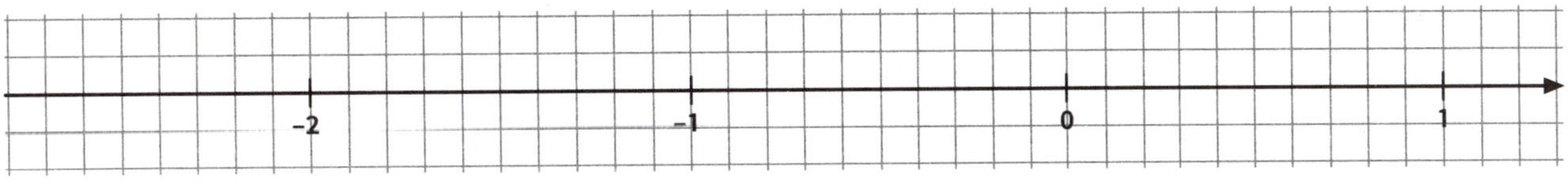

2 a) □ < □ < □ < □ < □ < □

b) □ < □ < □ < □ < □ < □

c) □ < □ < □ < □ < □ < □

Nebenrechnungen:

3 Breite: 7 cm Länge: ____________

a) Flächeninhalt A = ____________

b) Umfang u = ____________

4 a) Baugrundstück: ____________

b) Das Grundstück kostet: ____________

5 a) Bolzplatz

Länge: ____________

Breite: ____________

Länge der Türen: ____________

benötigter Drahtzaun: ____________

b) Fläche Kunststoffboden: ____________

c) Rasenfläche

Länge: ____________

Breite: ____________

benötigter Anzahl an Säcken: ____________

Nebenrechnungen:

http://nale.fi/hwzu

3 Nutzflächen in Deutschland (von S. 6)

In dem Diagramm rechts wird dargestellt, wie die Flächen in Deutschland genutzt werden.

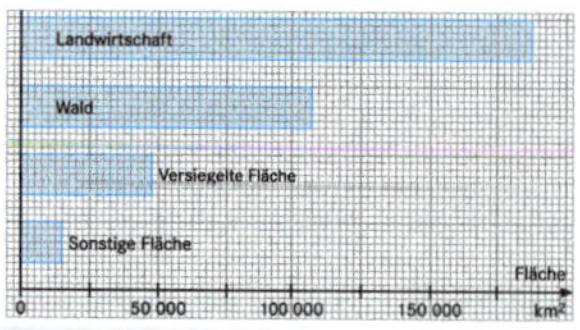

a) Wie viel km² entsprechen 1 mm?

b) (1) Lies aus dem Diagramm ab und fülle die Tabelle aus.
(2) Bestimme die relativen Häufigkeiten und trage sie in die Tabelle ein. Runde auf eine Nachkommastelle.
(3) Stelle die Anteile in einem Kreis- und einem Streifendiagramm dar.

Zu a) 20 mm ≙ 50 000 km²
1 mm ≙ 2 500 km²

Zu b)

	Flächeninhalt (in km²)	Relative Häufigkeit (in %)
Landwirtschaft	187 500	52,4
Wald	107 500	30,1
Versiegelte Fläche	47 500	13,3
Sonstige Fläche	15 000	4,2
Gesamtfläche	357 500	100

Die relative Häufigkeit berechnet man, indem man den Teilflächeninhalt durch den Gesamtflächeninhalt dividiert.

(3) Kreisdiagramm (1 % ≙ 3,6°)

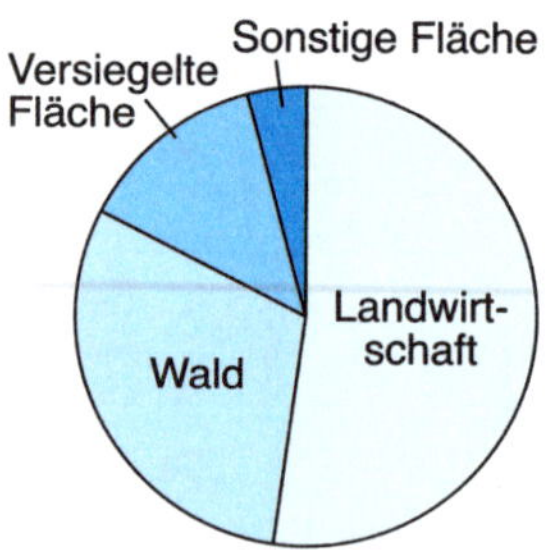

Landw.: 189°
Wald: 108°
vers. Fläche: 48°
Sonst. Fläche: 15°

Streifendiagramm

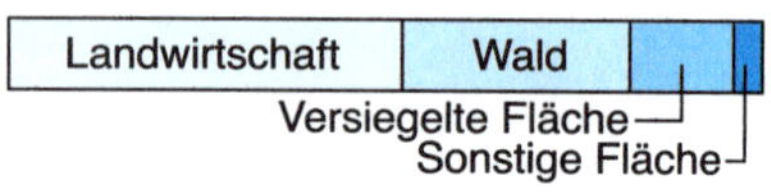

(5 cm lang)

Beim Streifendiagramm von 10 cm Länge ist jeder Abschnitt doppelt so lang: 1 % entspricht dann 1 mm.

1 In der Anne-Frank-Schule wurde unter den Schülerinnen und Schülern eine Umfrage gemacht, wie sie in die Schule kommen:

öffentlicher Nahverkehr	391
Fahrrad, Roller etc.	254
Auto der Eltern	214
zu Fuß	99

a) Die Daten sollen in einem Kreisdiagramm dargestellt werden. Notiere einen Term, mit dem man die Größe der Winkel der Kreissektoren berechnen kann.

b) Berechne die vier Winkelgrößen und erstelle das zugehörige Kreisdiagramm.

2 Ein Online-Händler hat dargestellt, wie sich der Umsatz auf verschiedene Bereiche verteilt:

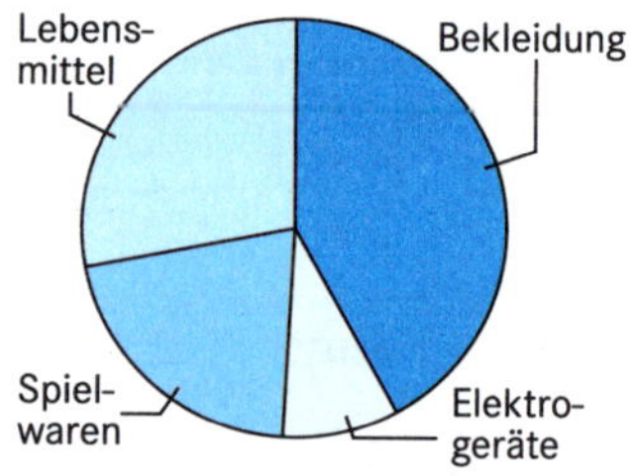

a) Bestimme, wie viel Prozent des Umsatzes er jeweils in den vier Bereichen gemacht hat.

b) Insgesamt hat der Händler 128,6 Mio. Euro Umsatz gemacht. Wie verteilt sich diese Summe auf die vier Bereiche?

3 Das Statistische Bundesamt ermittelte für 2017 die Ursachen für Autounfälle durch Umwelteinfluss. Ein Drittel wird durch Regen, ca. die Hälfte durch Schnee und Eis, zwei von Hundert durch Nebel und jeder Zehnte durch Wildwechsel verursacht. Die restlichen 5 % haben ganz unterschiedliche Ursachen. Stelle diesen Sachverhalt in einem Kreisdiagramm dar.

4 2017 verbrauchte jeder Einwohner in Deutschland im Durchschnitt 122 Liter Trinkwasser. Davon entfielen 44 Liter auf Baden und Duschen, 33 Liter auf die Toilettenspülung, 17 Liter auf Wäsche waschen. Der Rest wird zum Putzen, Spülen, Kochen usw. verbraucht.
Stelle diese Anteile in einem Kreisdiagramm dar.

1 a) Winkel:

b)

Transportmittel	Anteil	Winkelgröße
öffentlicher Nahverkehr		
Fahrrad, Roller etc.		
Auto der Eltern		
zu Fuß		

Nebenrechnungen:

2

Bereiche	Winkel (gemessen)	a) Anteil am Umsatz (in %)	b) Umsatz in diesem Bereich (in Mio. €)
Bekleidung			
Elektrogeräte			
Spielwaren			
Lebensmittel			

3 *Nebenrechnungen:*

4

	Verbrauch (l)	Anteil (%)	Winkel (°)
Baden und Duschen			
Toilettenspülung			
Wäsche waschen			
Sonstiges (Rest)			

Nebenrechnungen:

http://nale.fi/ugvb

4 Zuordnungen (von S. 7)

In welchen Beispielen erkennst du proportionale (p) oder antiproportionale (a) Zuordnungen? Wo liegt keines von beiden (k) vor? Kreuze jeweils p, a oder k an.

Richtig anzukreuzen ist jeweils ...

1) [x] p (proportional), da der Graph eine Gerade durch den Ursprung ist.
2) [x] k (keins von beiden), da mit größer werdenden x-Werten auch die y-Werte ansteigen (damit nicht antiproportional), die Steigung aber nicht mit konstant ist, der Graph also keine Ursprungsgerade ist (damit nicht proportional).
3) [x] a (antiproportional), da mit größer werdenden x-Werten die y-Werte abnehmen, wobei gilt: $x \cdot y = 1$. Der Graph ist eine Hyperbel.
4) [x] k (keins von beiden), da der Graph weder eine Ursprungsgerade noch eine Hyperbel ist.

http://nale.fi/qahz

5 Prozente (von S. 7)

a) Wie viel sind 30 % von 250 €?
b) Wie viel Prozent sind 25 cm von 5 m?
c) Von wie viel Kilogramm sind 5 % genau 10 kg?
d) Ein Kapital von 620 € wird ein Jahr lang mit 4 % verzinst. Berechne die Jahreszinsen.

Prozentrechnung:
– Grundwert G
– Prozentwert W
– Prozentsatz p %

3 % von 800 € sind 24 €
(3 % = p %, 800 € = G, 24 € = W)

Formeln: $W = G \cdot p\,\%$ $p\,\% = \frac{W}{G}$ $G = \frac{W}{p\,\%}$

Zinsrechnung:
Kapital K ↔ G; Zinsen Z ↔ W $Z = K \cdot p\,\%$

Zu a)
W ist gesucht.
$W = 250\text{ €} \cdot 0{,}30$
$= 75\text{ €}$

Zu b)
p % ist gesucht.
$p\,\% = \frac{0{,}25\text{ m}}{5\text{ m}} = 0{,}05$
$= 5\,\%$

Zu c)
G ist gesucht.
$G = \frac{10\text{ kg}}{0{,}05} = 200\text{ kg}$

Zu d)
Z ist gesucht.
$Z = 620\text{ €} \cdot 0{,}04$
$= 24{,}80\text{ €}$

1 Vervollständige die Wertetabellen zur proportionalen Zuordnung a) und b) bzw. zur antiproportionalen Zuordnung c) und d).

a)

x	1,5	3
y	4,5	

b)

x	14	
y	70	15

c)

x	7,5	2,5
y	20	

d)

x	12	
y	5	6

2 Skizziere zu den folgenden Beispielen jeweils den zugehörigen Graphen. Gib an, ob es sich um eine proportionale (p), konstante (k), antiproportionale (a) oder aber um eine lineare (l) Funktion, die nicht proportional ist, handelt.

1	Eier werden hartgekocht: *Anzahl Eier → Kochdauer (in min)*
2	Taxifahrt mit 3 € Grundgebühr: *zurückgelegte Strecke (in km) → Fahrpreis (in €)*
3	10 km Autofahrt: *durchschnittliche Geschwindigkeit (in km/h) → Fahrdauer (in h)*
4	Einkauf auf dem Markt: *Menge Kartoffeln (in kg) → Preis (in €)*

3 Berechne.
a) 40 % von 650 € b) 23 % von 40 m

4 45 % der Länge einer Strecke sind 288 m. Wie lang ist die gesamte Strecke?

5 Berechne die Jahreszinsen.

a) 3200 € werden ein Jahr mit 3 % verzinst.

b) Ein Jahr lang werden 560 € bei einem Zinssatz von 2,5 % verzinst.

6 Die neue App der Firma Xi wurde im ersten Monat insgesamt 6 480-mal verkauft (Preis: 0,89 €). Die Firma geht davon aus, dass die Anzahl der verkauften Apps jeden Monat um 8 % steigen wird. Mit wie vielen verkauften Apps rechnet sie im fünften Monat? Kreuze den passenden Term an und begründe deine Antwort.

☐ $6\,480 \cdot 8 \cdot 4$ ☐ $6\,480 \cdot 1{,}08^4$
☐ $6\,480 \cdot 0{,}89\text{ €} \cdot 0{,}08$ ☐ $6\,490 \cdot 1{,}08 \cdot 4$

1 a)

x	1,5	3
y	4,5	

b)

x	14		
y	70		

c)

x	7,5	2,5
y	20	

d)

x	12		
y	5		

Nebenrechnungen:

2 *Tipp:* Vergiss nicht, zunächst die Achsen zu beschriften.

1) 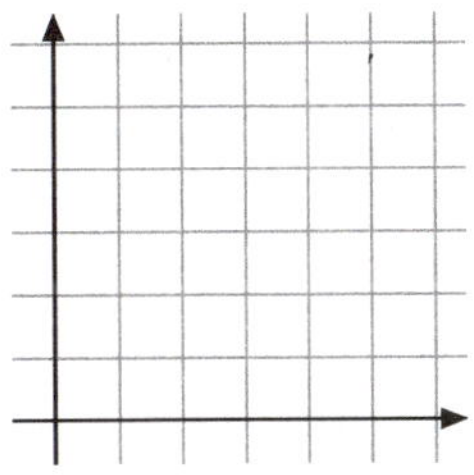

p ☐ a ☐
k ☐ l ☐

2) 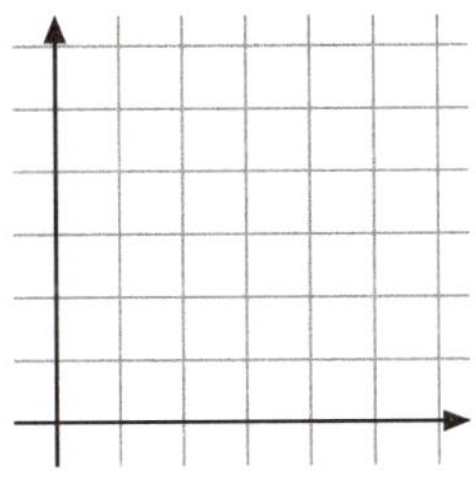

p ☐ a ☐
k ☐ l ☐

3) 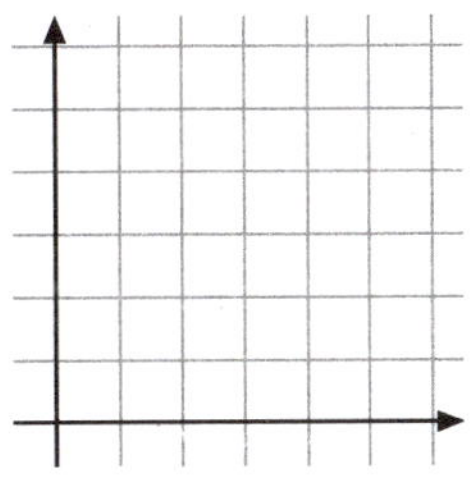

p ☐ a ☐
k ☐ l ☐

4) 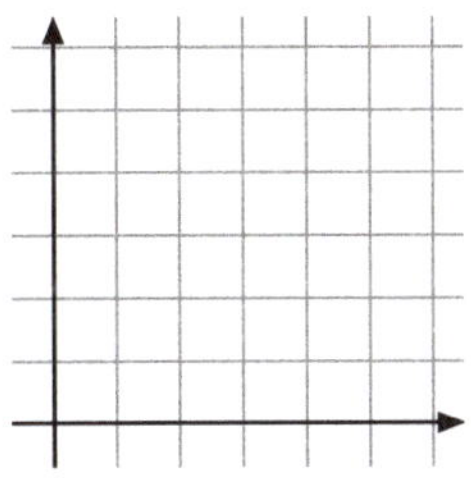

p ☐ a ☐
k ☐ l ☐

3 a) ______________________

b) ______________________

4 Gegeben: ______________________

Gesucht: ______________________

Formel: ______________________

Antwort: ______________________

____

5 a) *Antwort:* ______________________

____

b) *Antwort:* ______________________

____

6 *Begründung:* ______________________

____

____

____

____

http://nale.fi/nksd

6 Wintercheck (von S. 7)

Frau König lässt ihr Auto in der Werkstatt auf den Winter vorbereiten. Für Materialien und Arbeitsleistungen erstellt die Werkstatt die Rechnung mithilfe einer Tabellenkalkulation.

a) In welcher Zelle findest du den Einzelpreis für einen Reifen?

b) Gib an, wie teuer 1 Liter Motoröl (ohne MwSt.) ist.

c) Gib eine Formel an, mit der man die Zwischensumme in Zelle D10 berechnen kann.

d) Welche Formeln könnten in D11 stehen? Kreuze alle richtigen an.

☐ = D10 * 0,19 ☐ = D10 / B11*100

☐ = D10*B11/100 ☐ = 348,12 € / B11

Zu a)

Der Einzelpreis für einen Reifen steht in Zelle **C3.**

Zu b)

24,75 € : 1,5 = 16,50 €.

Ein Liter Motoröl kostet 16,50 €.

Zu c)

D10: **=D3+D4+D5+D7+D8**

Schneller geht es mit: **=Summe(D3:D8)**

Zu d)

Die Zwischensumme (in D10) muss mit 19 % multipliziert werden. Richtig sind: = D10*0,19 und = D10*B11/100 (B11: =19)

http://nale.fi/kopq

http://nale.fi/nkxr

7 Gleichungen und Graphen (von S. 8)

Ordne den Graphen (g_1, g_2, ... g_6) die zugehörige Funktionsgleichung zu. Zwei Gleichungen passen zu keinem Graphen.

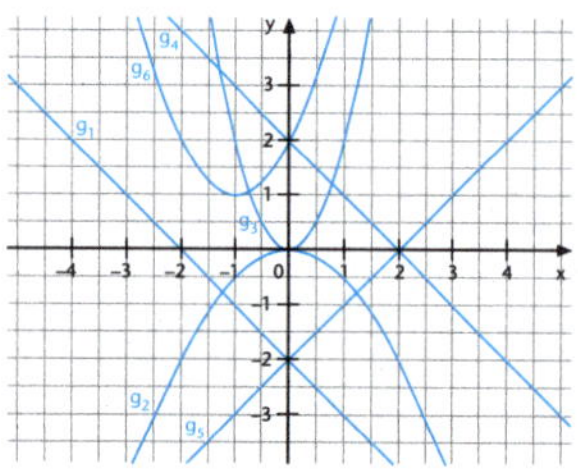

	$y = -0{,}5\,x^2$
	$y = x - 2$
	$y = -x - 2$
	$y = x^2 + 2x + 2$

	$y = -2\,x^2$
	$y = 2\,x^2$
	$y = -x + 2$
	$y = 0{,}5\,x^2$

g_1, g_4 und g_5 haben Geradengleichungen der Form $y = mx + n$. Sie steigen bei $m > 0$ und fallen bei $m < 0$; die y-Achse schneiden sie an der Stelle n. Also gilt:

g_1: $y = -x - 2$; g_4: $y = -x + 2$; g_5: $y = x - 2$

g_2, g_3 und g_6 haben Parabelgleichungen der Form $y = ax^2 + bx + c$. Sie schneiden die y-Achse bei c; für $b = 0$ liegt der Scheitelpunkt auf der y-Achse. Bei $a > 0$ ($a < 0$) ist die Parabel nach oben (unten) geöffnet. Bei $|a| > 1$ ($|a| < 1$) ist sie enger (breiter) als die Normalparabel. Also gilt:

g_2: $y = -0{,}5x^2$; g_3: $y = 2x^2$; g_6: $y = x^2 + 2x + 2$

1 Eine Rechnung beläuft sich einschließlich Mehrwertsteuer auf 1 000 €.
Wie berechnet man den Rechnungsbetrag ohne Mehrwertsteuer? Kreuze an.

☐ 1 000 € – 19 € ☐ 1 000 € – 190 €

☐ 1 000 € : 0,19 ☐ 1 000 € : 1,19

2 Frau Weber notiert sich, bei welchem Kilometerstand sie wie viel Liter getankt hat und was ein Liter Diesel gekostet hat.

	A	B	C	D	E
1	Kilometer	Liter	Preis pro Liter	Gesamtpreis	Verbrauch in Liter auf 100 km
2	35000	35,7	1,36 €	48,55 €	-------
3	35867	49,4	1,45 €		
4	36422	29,4	1,28 €		
5	37225	52,5	1,22 €		

a) Mit welcher Formel kann in Zelle D2 der Gesamtpreis berechnet werden?
Trage alle Gesamtpreise in Spalte D ein.

b) Berechne den durchschnittlichen Verbrauch auf 100 km zwischen jeweils zwei Tankstopps. Trage die Ergebnisse in die Tabelle ein.

c) Gib für Zelle E3 eine Formel zur Berechnung des Durchschnittsverbrauchs auf 100 km an.

3 Die Punkte P (6|0), Q (0|– 3) und R (– 2|– 4) gehören zum Graphen einer linearen Funktion.

a) Zeichne den Graphen der Funktion.

b) Gib die zugehörige Funktionsgleichung an.

4

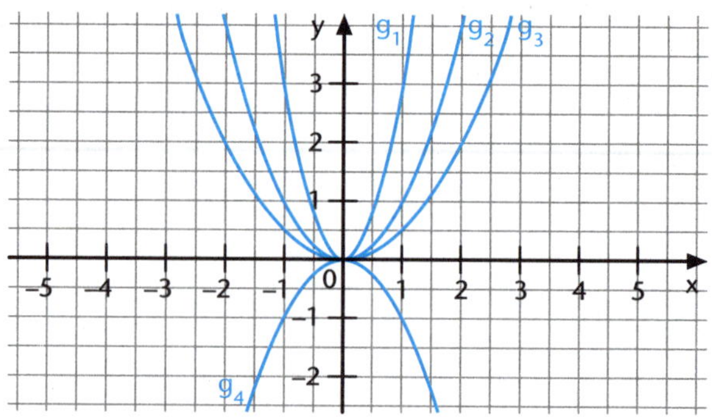

a) Ordne jedem Graphen die passende Funktionsgleichung zu.

	$y = -x^2$		$y = 0{,}5x^2$		$y = x^2$		$y = 3x^2$

b) Was kannst du über den Verlauf des Graphen einer quadratischen Funktion mit der Gleichung $y = a \cdot x^2$ aussagen, wenn du weißt, dass $a < 0$ ist?

1 Richtig ist: ______________________________

2 a) und b): Tabelle von Frau Weber

	A	B	C	D	E
1	Kilometer	Liter	Preis pro Liter	Gesamtpreis	Verbrauch in Liter auf 100 km
2	35000	35,7	1,36 €	48,55 €	-------
3	35867	49,4	1,45 €		
4	36422	29,4	1,28 €		
5	37225	52,5	1,22 €		
6					

a) Formel für Zelle D2: ______________________________

c) Formel für Zelle E3: ______________________________

Nebenrechnungen:

3 a)

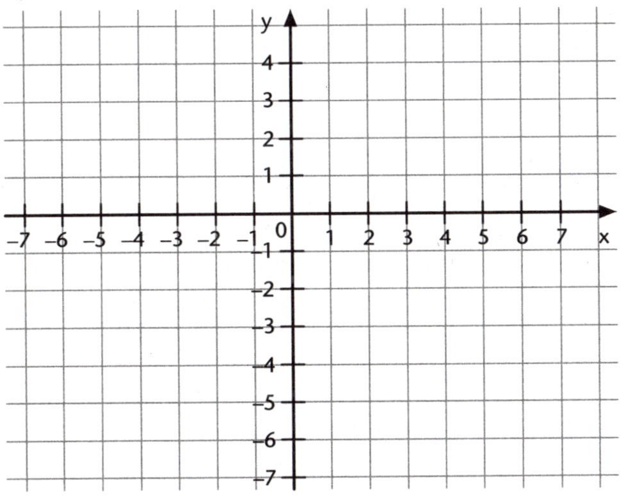

b) Funktionsgleichung:

____

4 a)

Graph	Funktionsgleichung
	$y = -x^2$
	$y = 0{,}5x^2$
	$y = x^2$
	$y = 3x^2$

b) *Antwort:* ______________________________

____

____

____

____

____

http://nale.fi/yahr

8 Tablet (von S. 8)

Im Internet wird ein Tablet zu folgenden Preisen angeboten.

256 €	252 €	320 €	269 €	279 €

a) Gib den Median (Zentralwert), die Spannweite und das arithmetische Mittel der Preise an.

b) Berücksichtigt man noch ein sechstes Angebot, beträgt das arithmetische Mittel nur noch 264 €. Wie teuer ist das Tablet aus diesem Angebot?

Zu a)
Zuerst werden die Daten der Größe nach geordnet:
252 €; 256 €; **269 €;** 279 €; 320 €
Bei einer ungeraden Anzahl von Daten ist der Median der Wert in der Mitte. Bei einer geraden Anzahl von Daten stehen in der Mitte zwei Werte. Als Median gibt man dann das arithmetische Mittel dieser beiden Werte an.

Median: 269 €

Die Spannweite ist die Differenz zwischen dem größten und kleinsten Wert.

Spannweite: 320 € – 252 € = **68 €**

Beim arithmetischen Mittel werden alle Werte addiert und durch die Anzahl der Werte geteilt.

Arithmetisches Mittel:
(252 € + 256 € + 269 € + 279 € + 320 €) : 5
= 1376 € : 5 = **275,20 €**

Zu b)
x sei der Preis des neuen Angebots. Alle sechs Preise zusammen ergeben das Sechsfache des neuen arithmetischen Mittels von 264 €, also:

$$1376\,€ + x = 6 \cdot 264\,€$$
$$1376\,€ + x = 1584\,€ \qquad | -1376\,€$$
$$x = 208\,€$$

Beim sechsten Angebot kostet das Tablet **208 €.**

1 Gib jeweils den Median (Zentralwert), das arithmetische Mittel und die Spannweite der Stichprobe an.

a) 84,30 €; 65,80 €; 111,40 €; 99,70 €; 107,20 €

b) 4,50 m; 4,20 m; 5,10 m; 4,80 m; 5,30 m; 4,60 m

2 Ein Fahrstuhl darf maximal 12 Personen befördern. Es steigen 12 Personen mit den auf dem Zettel angegebenen Gewichten* ein.

78,5 kg	96 kg	81,4 kg	54,5 kg
67,5 kg	93,4 kg	72,2 kg	56,8 kg
98,6 kg	78,2 kg	73,8 kg	84,3 kg

a) Bei der Angabe „max. 12 Personen" wurde davon ausgegangen, dass die Personen durchschnittlich 80 kg wiegen. Ist das hier so?

b) Wie groß ist die Spannweite der Gewichte* in der Liste?

c) Bestimme den Median der Werte in der Liste und berechne den Unterschied zum arithmetischen Mittel.

*„Gewicht" ist der umgangssprachliche Begriff. Korrekt müsste es „Masse" heißen.

3 Sabine hat mit sieben Sprüngen für den Weitsprung-Wettbewerb trainiert. Hier sind die Weiten der ersten fünf Sprünge:

4,20 m	4,65 m	3,95 m	4,10 m	4,45 m

Der sechste Sprung war zugleich Sabines schlechteste Weite. Nach dem mittelmäßigen siebten Sprung stellt Sabine fest:

(1) Die Weitsprungdaten haben eine Spannweite von 90 cm.
(2) Das arithmetische Mittel der Sprungweiten ist 4,20 m.

a) Wie weit ist Sabine im sechsten und siebten Versuch gesprungen?

b) Gib den Median der sieben Weitsprungdaten an.

1 a) sortierte Daten:

_____ _____ _____ _____ _____

Median (Zentralwert): __________

arithmetisches Mittel: __________

Spannweite: __________

b) sortierte Daten:

_____ _____ _____ _____ _____ _____

Median (Zentralwert): __________

arithmetisches Mittel: __________

Spannweite: __________

2 a) *Antwort:* __________

b) *Antwort:* __________

c) Median: __________

Unterschied zum arithmetischen Mittel:

3 a) Weite sechster Versuch: __________

Weite siebter Versuch: __________

b) Median aller sieben Weitsprungdaten:

Nebenrechnungen:

http://nale.fi/mehx

9 Gleichungssysteme (von S. 8)

a) Löse das Gleichungssystem. I. $x - 2y = 4$
II. $3x + \quad y = 5$

b) Ein Rechteck hat den Umfang 30 cm, wobei die eine Seite 2 cm länger ist als die andere Seite.
Wie lang sind die Seiten?

Zu a)

I. $x - 2y = 4$
II. $3x + y = 5 \quad | \cdot 2$
I. $x - 2y = 4$
II. $6x + 2y = 10$
I. + II. $7x = 14 \quad | : 7$
$\mathbf{x = 2}$

x = 2 in Gleichung I. eingesetzt:

$2 - 2y = 4 \quad | -2$
$-2y = 2 \quad | : (-2)$
$\mathbf{y = -1}$

Lösung: $x = 2$ und $y = -1$

Zu b)

x: Breite; y: Länge
I. $2x + 2y = 30$
II. $y = x + 2$

II. in I. eingesetzt:

$2x + 2(x + 2) = 30$
$2x + 2x + 4 = 30 \quad | -4$
$4x = 26 \quad | : 4$
$\mathbf{x = 6{,}5}$

x = 6,5 in Gleichung II. eingesetzt:

$y = 6{,}5 + 2$
$\mathbf{y = 8{,}5}$

Die Seiten des Rechtecks betragen **6,5 cm** und **8,5 cm**.

http://nale.fi/hnuz

10 Dreieck im Koordinatensystem (von S. 9)

a) Gib die Koordinaten der Punkte P, Q und R an.
b) Welchen Flächeninhalt hat das Dreieck PQR?
c) Trage den Punkt S (4|4) in das Koordinatensystem ein. Wie heißt die Figur PQRS?
d) Bestimme den Flächeninhalt der Figur PQRS.

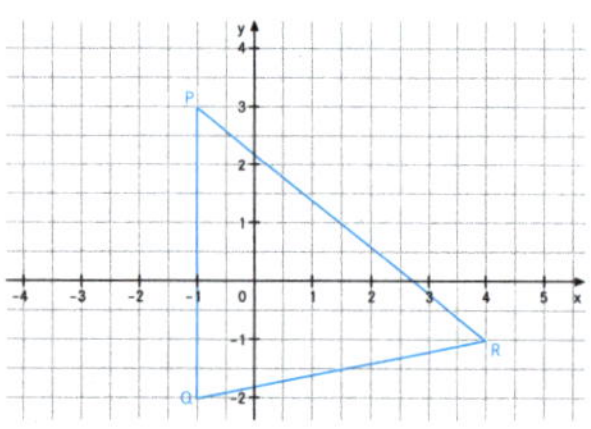

Zu a)

P (−1 | 3); Q (−1 | −2); R (4 | −1)

Zu b)

$g = 5\text{ cm};\ h = 5\text{ cm} \rightarrow A = \frac{5\text{ cm} \cdot 5\text{ cm}}{2} = \mathbf{12{,}5\text{ cm}^2}$

Zu c)

Die Figur PQRS ist ein **Parallelogramm**.

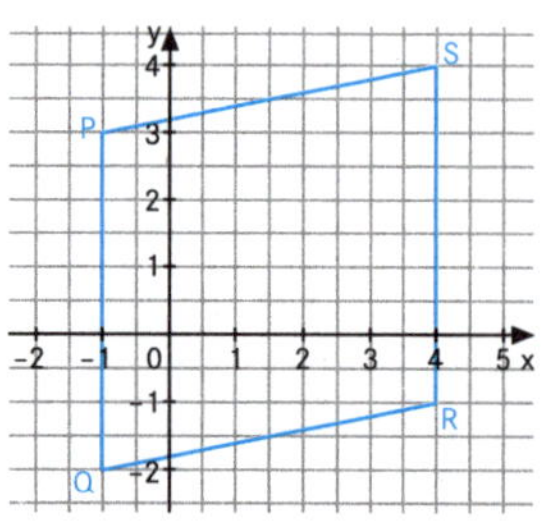

Zu d)

$A = g \cdot h$
$A = 5\text{ cm} \cdot 5\text{ cm}$
$\mathbf{A = 25\text{ cm}^2}$

1 Welche Lösungen hat das Gleichungssystem?

a) I. $x + 9y = -41$
II. $x - 4y = 24$

b) I. $x + 5y = 17$
II. $2x - 4y = 20$

c) I. $2x - 3y = 8$
II. $5x + 6y = 20$

d) I. $3x + 4y = 1$
II. $6x + 8y = 0$

2 Ein 50-Euro-Schein wird so in 10-Euro-Scheine und 5-Euro-Scheine gewechselt, dass die Anzahl der kleineren Scheine x dreimal so groß ist wie die Anzahl der größeren Scheine y.
Wie viele Scheine sind es?

3 Ein Korken und eine Flasche kosten zusammen 1,10 €.
Die Flasche ist 1 € teurer als der Korken.
Was kostet der Korken, was die Flasche?

4 Zeichne das Dreieck ABC mit A (−3 | 3,5), B (−3 | 0) und C (3 | 1) in das Koordinatensystem mit der Einheit 1 cm.

a) Welchen Flächeninhalt hat das Dreieck?

b) Finde einen vierten Punkt D so, dass das Viereck ABDC ein Parallelogramm ist.
Gib die Koordinaten des Punktes D an.

c) Welchen Flächeninhalt hat das Viereck ABDC?

5 Trage die Punkte A (−3 | 1), B (4 | 1) und C (4 | 4) in das Koordinatensystem (Einheit 1 cm) ein und verbinde sie zu einem Dreieck.

a) Berechne den Umfang des Dreiecks.

b) Markiere den Mittelpunkt M der Seite $\overline{BC}$.
Gib die Koordinaten des Punktes M an.

c) Zeichne durch den Punkt M die Parallele zu $\overline{AB}$. Sie trifft $\overline{AC}$ im Punkt D.
Wie heißt das Viereck ABMD? Berechne seinen Flächeninhalt.

6 Der Bildschirm eines Fernsehgeräts ist 121,2 cm breit und 68,2 cm hoch.
Berechne die Länge der Bildschirmdiagonalen in cm und in Zoll.
(1 Zoll = 2,54 cm)

1 a) x = ______ y = ______

b) x = ______ y = ______

c) x = ______ y = ______

d) x = ______ y = ______

Nebenrechnungen:

2 *Antwort:* ______

______

3 *Antwort:* ______

______

4

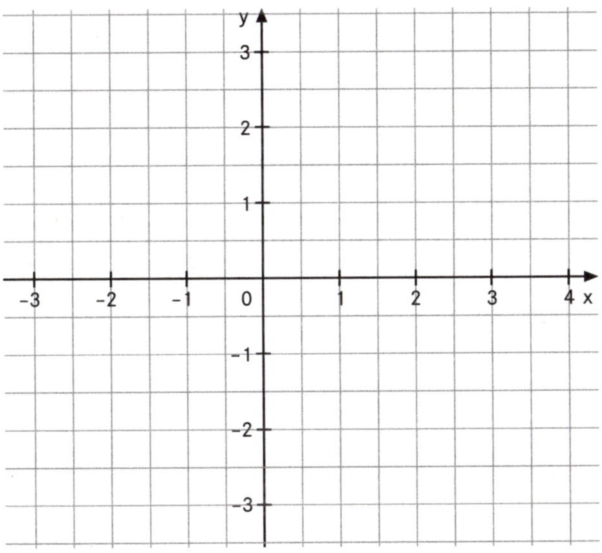

a) Flächeninhalt $A_{\triangle}$ = ______ b) D (|) c) Flächeninhalt $A_{\text{▱}}$ = ______

5

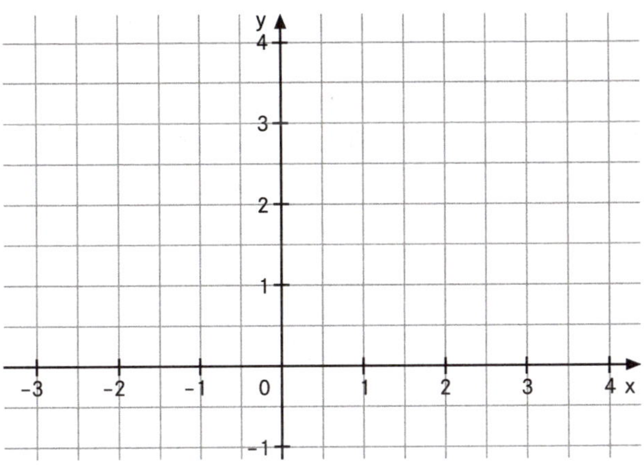

a) Umfang u = ______

b) M (|)

c) Figur: ______ ; A = ______

6

Antwort: ______

______

http://nale.fi/omwd

11 Schätzen (von S. 9)

Kreuze an, welche Maßangabe stimmen könnte.

Oberfläche	Volumen des Badewassers	Höhe eines Kirchturms

☐ 300 dm^2	☐ 550 *l*	☐ 850 mm
☐ 30 cm^2	☐ 55 000 cm^3	☐ 85 dm
☐ 0,3 m^2	☐ 5,5 m^3	☐ 85 000 cm
☐ 30 000 mm^2	☐ 5 500 000 mm^3	☐ 0,085 km

Oberfläche der Schokoladentafel
Eine Schokoladentafel ist ca. 8 cm breit, 16 cm lang und 1 cm hoch. Das ergibt einen Oberflächeninhalt von $O = 2 \cdot (8 \cdot 16 + 8 \cdot 1 + 16 \cdot 1)\ cm^2 = 304\ cm^2 = 30\,400\ mm^2 \approx \mathbf{30\,000\ mm^2}$.

Volumen des Badewassers
Geschätzte Innemaße einer Badewanne:
$l = 180$ cm, $b = 60$ cm, $h = 50$ cm
$V = 180\ cm \cdot 60\ cm \cdot 50\ cm$
$V = 540\,000\ cm^3 = 540\ l \approx \mathbf{550\ l}$

Höhe eines Kirchturms
Hilfreich ist das Umrechnen der Maße in Meter: 850 mm = 0,85 m; 85 000 cm = 850 m; 85 dm = 8,5 m; 0,085 km = 85 m
Nur **0,085 km** (= 85 m) ist realistisch.

http://nale.fi/vfko

12 Umzug (von S. 9)

Für den Transport von 90 Umzugskartons sucht Familie Meyer bei einer Leihfirma ein geeignetes Fahrzeug. Ein Karton hat folgende Abmessungen (in mm): 600 x 330 x 340.
Es stehen Transporter mit einem Ladevolumen von 5,8 m^3 und 9,5 m^3 zur Auswahl. Welchen Transporter würdest du empfehlen? Begründe rechnerisch.

Zunächst muss das Volumen eines Kartons berechnet werden.
Für Quader gilt die Volumenformel:
V = Länge · Breite · Höhe
$V = 600\ mm \cdot 330\ mm \cdot 340\ mm$
$= 67\,320\,000\ mm^3$
$67\,320\,000\ mm^3 = 0{,}06732\ m^3$
90 Kartons haben das Volumen:
$90 \cdot 0{,}06732\ m^3 = 6{,}0588\ m^3$
Zu empfehlen ist der Transporter mit dem Ladevolumen von 9,5 m^3.

1 Wie viele Sekunden hat eine Schülerin vom ersten Schultag bis zum Ende der 10. Klasse etwa in der Schule verbracht?

☐ 3 600 000 s ☐ 360 000 000 s
☐ 36 000 000 s ☐ 3 600 000 000 s

2 Prüfe den Flächeninhalt eines 20-€-Scheins.

☐ 957,6 cm^2 ☐ 95 760 mm^2
☐ 95,76 dm^2 ☐ 9 576 mm^2

3 Kreuze an, welche Schätzung am besten passt.

a) Ungefähre Größe der lackierten Fläche eines Pkws

☐ 72 m^2 ☐ 720 dm^2
☐ 720 000 mm^2 ☐ 7 200 cm^2

b) Größe des Kofferraums eines Pkws

☐ 37 hl ☐ 370 000 ml
☐ 0,037 m^3 ☐ 37 000 *l*

4 Der Boden eines quaderförmigen Aquariums hat die Innenmaße 8 dm x 4,5 dm. Das Aquarium ist 6 dm hoch und bis 5 cm unter dem Rand gefüllt.

a) Wie viel Liter Wasser befinden sich in diesem Aquarium?

b) Ein Liter Wasser wiegt 1 kg. Gib die Masse der Wasserfüllung an.

5 Ein Schwimmbecken ist 25 m lang und verfügt über acht Bahnen von je 1,50 m Breite. Es ist an allen Stellen gleich tief und fasst 750 m^3 Wasser. Wie tief ist es?

6 Ein Quader ist doppelt so lang wie breit und dreimal so hoch wie breit. Sein Volumen beträgt 48 cm^3. Wie breit ist er?

7 Eine Baugrube ist 4 m lang, 2,50 m breit und 1,80 m tief.

a) Wie viel Kubikmeter Erde mussten ausgehoben werden?

b) Ein Kubikmeter Erde wiegt 1700 kg. Berechne die Masse des Erdaushubs in Tonnen.

1 Zeit in der Schule

2 Fläche 20-€-Schein

3 a) lackierte Fläche Pkw

b) Kofferraum Pkw

4

Antwort: a) ______

b) ______

5

Antwort: ______

6

Antwort: ______

7

Antwort: a) ______

b) ______

http://nale.fi/nwag

13 Aussagen (von S. 10)

Welche der folgenden Sachtexte passen zu der Gleichung $x + (x - 3) = 60$? Kreuze jeweils an.

1	Vera ist drei Jahre jünger als Max. Zusammen sind sie 60 Jahre alt.	☐ Ja	☐ Nein
2	Eine Lostrommel enthält dreimal so viele Nieten wie Gewinnlose. Insgesamt sind 60 Lose in der Trommel.	☐ Ja	☐ Nein
3	Familie Maier legt auf ihrer zweitägigen Radtour insgesamt 60 km zurück. Am zweiten Tag fahren sie 3 km weniger als am ersten Tag.	☐ Ja	☐ Nein
4	Ein 60 m^2 großer Saal wird mit Parkett ausgelegt. Länge und Breite des Raumes unterscheiden sich um 3 Meter.	☐ Ja	☐ Nein

(1): Max: x; Vera: $x - 3$
Gleichung $x + (x - 3) = 60$ ☒ **Ja**
(2): Gewinnlose: x; Nieten: 3x
Gleichung $x + 3x = 60$ ☒ **Nein**
(3): 1. Tag: x; 2. Tag : $x - 3$
Gleichung $x + (x - 3) = 60$ ☒ **Ja**
(4): Länge: x, Breite: $x - 3$
Gleichung $x \cdot (x - 3) = 60$ ☒ **Nein**

http://nale.fi/cbxe

14 Parabeln in versch. Darstellungen (von S. 10)

Eine Parabel hat den Scheitelpunkt $S(3|-15)$ und ist gegenüber der Normalparabel um den Faktor $a = 2$ gestreckt. Gib die Scheitelpunktform der Parabel an und wandle diese in die allgemeine Form um.

$f(x) = 2(x - 3)^2 - 15$
$f(x) = 2(x^2 - 6x + 9) - 15$
$f(x) = 2x^2 - 12x + 18 - 15$
$f(x) = 2x^2 - 12x + 3$

http://nale.fi/psvr

15 Farbige Kugeln (von S. 10)

Aus einem Behälter mit 3 roten, 5 grünen und 2 blauen gleichartigen Kugeln wird eine verdeckt gezogen. Berechne die Wahrscheinlichkeiten für „blau" und für „nicht rot".
a) P (blau) b) P (nicht rot)

$P(E) = \frac{\text{Anzahl der günstigen Ergebnisse}}{\text{Anzahl der möglichen Ergebnisse}}$
Zu a)
Möglich sind 10 Ergebnisse; günstig sind 2 Ergebnisse, da 2 der 10 Kugeln blau sind.
Also: P (blau) = $\frac{2}{10}$ = **0,2 = 20 %**
Zu b)
Möglich sind 10 Ergebnisse; günstig sind 7 Ergebnisse, da 7 der Kugeln nicht rot sind.
Also: P (nicht rot) = $\frac{7}{10}$ = **0,7 = 70 %**

1 Welche Sachtexte passen zu der Gleichung $5x + 17 = 57$? Was gibt in diesen Fällen x an?

(1) Fünf Freunde gehen ins Kino. Sie kaufen Karten und anschließend Popcorn für 17 €. Insgesamt bezahlen sie 57 €.
(2) Frau May kauft 5 Flaschen Wein und 17 Flaschen Sekt. Sie bezahlt insgesamt 57 €.
(3) Ein 5 km langer Rundkurs für Crossräder wird x-mal durchfahren. Der Kurs liegt 17 km von Tannendorf entfernt. Es sind 57 Teilnehmer am Start.
(4) Ein Unternehmen soll 57 m^3 Muttererde transportieren. Der große Lkw bringt pro Fahrt 17 m^3, der kleine Lkw den Rest mit fünf Fahrten, jeweils voll beladen.
(5) Ein Rechteck ist 5 cm breit, seine Länge unbekannt. Wäre es 17 cm^2 größer, hätte es einen Flächeninhalt von 57 cm^2.

2 Eine Parabel wird durch die Gleichung $f(x) = -1{,}5(x + 4)^2 + 8$ beschrieben.

a) Gib den Scheitelpunkt an und beschreibe, wie man die Parabel aus der Normalparabel gewinnen kann.

b) Wandle die Scheitelpunktform in die allgemeine Form um.

3 Lukas behauptet, dass diese drei Gleichungen dieselbe Funktion beschreiben:
(1) $f(x) = (x - 1{,}5)^2 - 20{,}25$
(2) $g(x) = x^2 - 3x - 18$
(3) $h(x) = (x + 3) \cdot (x - 6)$
Überprüfe rechnerisch, ob Lukas recht hat.

4 Färbe die Kugeln im Behälter so, dass beim verdeckten Ziehen die angegebenen Wahrscheinlichkeiten bestehen.

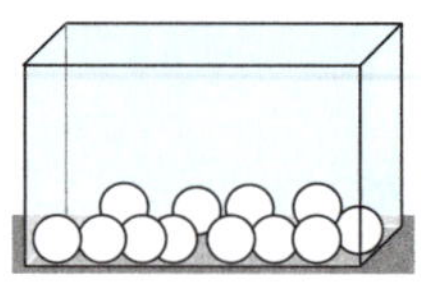

P (rot) = $\frac{1}{6}$
P (blau) = $\frac{1}{3}$
P (grün) = $\frac{1}{2}$

5 Aus dem Behälter zieht Uwe mit verbundenen Augen eine Kugel.

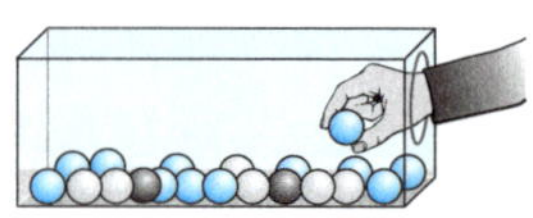

a) Mit welcher Wahrscheinlichkeit zieht er eine hellgraue Kugel?

b) Mit welcher Wahrscheinlichkeit zieht er keine schwarze Kugel?

1

Sachtext	passt/passt nicht	Bedeutung von x bei den passenden Sachtexten
(1)		
(2)		
(3)		
(4)		
(5)		

2 *Tipp:* Eine Parabel mit dem Scheitelpunkt S(d | e) wird durch die Scheitelpunktform $f(x) = a\,(x - d)^2 + e$ beschrieben. Am Faktor a kannst du erkennen, ob die Parabel gestreckt oder gestaucht und nach oben oder unten geöffnet ist.

a) S(_____ | _____)

____

____

____

b) f(x) = ________________

3 (1) f(x) = ________________

(2) $g(x) = x^2 - 3x - 18$

(3) h(x) = ________________

Hat Lukas recht?

☐ ja ☐ nein

4 Anzahl roter Kugeln: __________

Anzahl blauer Kugeln: __________

Anzahl grüner Kugeln: __________

5 a) Anzahl der möglichen Ergebnisse: _____

Anzahl der günstigen Ergebnisse: _____

P (hellgrau) = _____

b) Anzahl der möglichen Ergebnisse: _____

Anzahl der günstigen Ergebnisse: _____

P (nicht schwarz) = _____

http://nale.fi/hzds

16 Zylinder (von S. 10)

a) Skizziere das Netz eines Zylinders.
b) Ein Zylinder hat eine Grundfläche mit dem Radius 14 cm und ist 8 cm hoch.
Bestimme den Oberflächeninhalt des Zylinders gerundet auf ganze cm^2.

Netz: a)

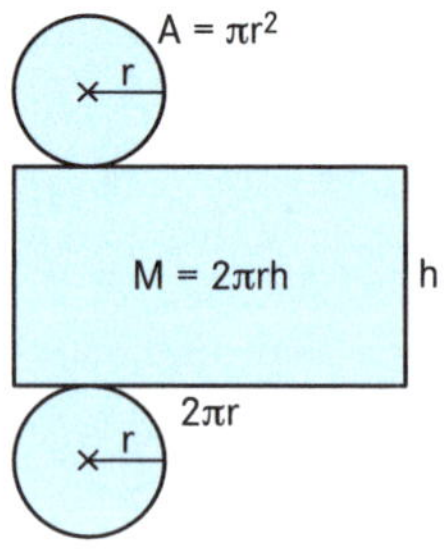

b) $O = 2\pi r^2 + 2\pi rh$

$O = 2\pi \cdot (14\ cm)^2 + 2\pi \cdot 14\ cm \cdot 8\ cm$

$O = 2\pi \cdot 196\ cm^2 + 2\pi \cdot 112\ cm^2$

$\mathbf{O \approx 1935\ cm^2}$

http://nale.fi/mwdz

17 Gehaltskürzungen (von S. 10)

Eine Tageszeitung schrieb am 18. Juli 2012 den Artikel: (siehe S. 10) Kreuze alle Fragen an, die man mithilfe dieses Artikels beantworten kann:

(1) ☐ Wie viel Euro jährliche Gehaltseinbußen hatten der König und der Prinz zusammen?
(2) ☐ Wurden beide Gehälter um denselben Prozentsatz gekürzt?
(3) ☐ Wie hoch war das Jahresgehalt von Felipe vor der Kürzung?
(4) ☐ Wie hoch war das Jahresgehalt des Königs nach der Kürzung?
(5) ☐ War das Jahresgehalt des Königs vor der Kürzung doppelt so hoch wie das Jahresgehalt von Felipe?

Die Fragen (1) und (4) können beantwortet werden:
(1) 20 910 € + 10 455 € = 31 365 €
(4) 7,1 % entspricht 20 910 € (Dreisatz)
1 % entspricht 20 190 € : 7,1
Der König bekommt noch 92,9 % seines alten Gehalts, das entspricht
20 910 € : 7,1 · 92,9 ≈ 273 597 €
Frage (2) und Frage (3) können nicht beantwortet werden, da für das Geld von Kronprinz Felipe nur der Prozentwert gegeben ist.
Frage (5) kann nicht beantwortet werden: Die Kürzung beim König ist zwar doppelt so hoch, aber man weiß nicht, ob beide Gehälter um denselben Prozentsatz gekürzt wurden.

1 a) Zeichne das Netz des Zylinders.

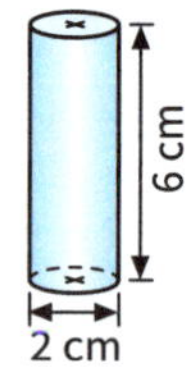

b) Berechne vom abgebildeten Zylinder den Flächeninhalt des Mantels und der Oberfläche.

c) Berechne das Volumen in Litern.

2 Eine Dose Suppe hat einen Durchmesser von 10,3 cm und eine Höhe von 12 cm.

a) Auf der Banderole (Dosenmantel) ist ein Inhalt von 998 ml angegeben. Trifft diese Angabe zu?

b) Wie viel Quadratmeter Papier braucht man zur Herstellung von 50 000 Banderolen?

3 Abgebildet ist der Mantel eines 8 cm hohen Zylinders. Berechne Durchmesser und Volumen des Zylinders.

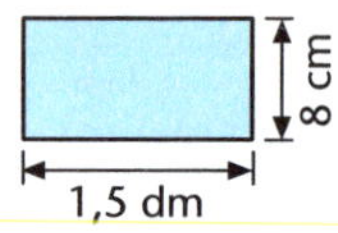

4 Markiere alle Zahlangaben, die benötigt werden, um die Schulden mit Zinsen zu berechnen. Berechne die Schulden.

Prinz Charles zahlt 350 Jahre alte Schulden zurück
Prinz Charles hat im Jahr 2008 eine über 350 Jahre alte Familienschuld beglichen, die anzusetzenden 3% Zinsen aber ignoriert. Sein Urahn Karl II hatte 1651 für umgerechnet 572,20 Euro Uniformen beim Verband der Tuchmacher in Auftrag gegeben, aber nie bezahlt. Laut BBC hätte Prinz Charles über 50 000 Euro zurückzahlen müssen.

5 Die Klasse 10a mit 26 Schülerinnen und Schülern befindet sich an der Sophie-Scholl-Schule mit 542 Schülerinnen und Schülern. Im Kollegium dieser Schule sind 64 % Frauen, während in der 10a der Anteil weiblicher Personen bei 46 % liegt. Kreuze alle Fragen an, die mit diesen Informationen beantwortet werden können und berechne die Ergebnisse.

(1) ☐ Wie viele männliche Lehrkräfte hat die Sophie-Scholl-Schule?
(2) ☐ Wie viel Prozent aller Schülerinnen und Schüler gehören der Klasse 10a an?
(3) ☐ Ist der weibliche Anteil in der 10a oder im Kollegium größer?
(4) ☐ Wie viele Jungen besuchen die 10a?
(5) ☐ Wie viele Jungen gibt es an der Schule?
(6) ☐ Wie viele Schülerinnen und Schüler kommen auf eine Lehrkraft?

1 b) M = ______________

O = ______________

c) V = ______________

2 a) *Antwort:* ______________________________

____

____

b) *Antwort:* ______________________________

____

____

3 d = __________

V = __________

4

Prinz Charles zahlt 350 Jahre alte Schulden zurück
Prinz Charles hat im Jahr 2008 eine über 350 Jahre alte Familienschuld beglichen, die anzusetzenden 3% Zinsen aber ignoriert. Sein Urahn Karl II hatte 1651 für umgerechnet 572,20 Euro Uniformen beim Verband der Tuchmacher in Auftrag gegeben, aber nie bezahlt. Laut BBC hätte Prinz Charles über 50 000 Euro zurückzahlen müssen.

Zinssatz: ______________________________

Kapital: ______________________________

Schulden: ______________________________

5 Ergebnisse:

(1) ______________________________

____

(2) ______________________________

____

(3) ______________________________

____

(4) ______________________________

____

(5) ______________________________

____

(6) ______________________________

____

Nebenrechnungen und Zeichnung:

a) Netz

http://nale.fi/hnsw

18 Dynamischer Flächeninhalt (von S. 11)

Mit einer dynamischen Geometrie-Software wurde die Strecke $\overline{AB}$ mit der Länge 4 cm erstellt und ein Kreis um A mit dem Radius $\overline{AB}$ gezeichnet. C ist ein Punkt auf dem Kreis um A. Das Dreieck ABC hat für α = 110° einen Flächeninhalt von 7,52 cm². Beschreibe die Veränderungen der Seitenlängen, der Winkelgrößen und des Flächeninhalts des Dreiecks, wenn du den Punkt C auf dem Kreis um A bewegst.

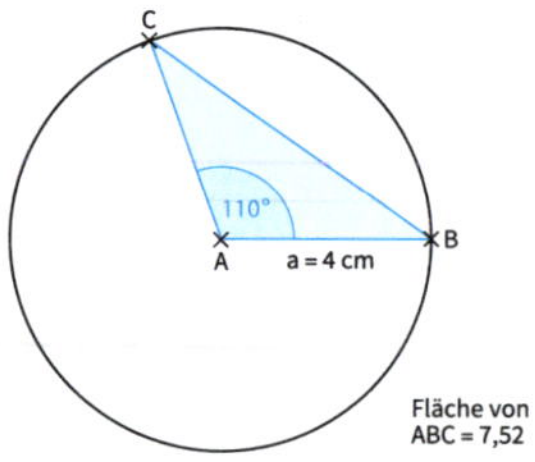

Bewegt man Punkt C des Dreiecks ABC auf dem Kreisbogen um A, dann verändern sich
- die Lage der Seite $\overline{AC}$,
- die Größe des Winkels α, denn $\overline{AC}$ ist ein Schenkel von α und
- die Länge der Seite $\overline{BC}$.

Die Längen der Seiten $\overline{AB}$ und $\overline{AC}$ bleiben gleich, denn ihre Länge entspricht dem Radius des Kreises auf dem C bewegt wird. Das Dreieck ABC bleibt also immer gleichschenklig.

Zudem verändert sich der Flächeninhalt des Dreiecks ABC, denn z. B.
- für α = 0° kommen die Schenkel zur Deckung, es entsteht kein Dreieck bzw. der Flächeninhalt ist 0 cm².
- für α = 90° entsteht ein rechtwinkliges gleichschenkliges Dreieck. Der Flächeninhalt beträgt also 8 cm².

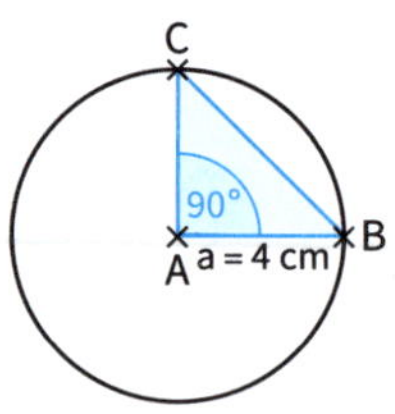

- für α = 180° bilden die Schenkel einen gestreckten Winkel, es entsteht kein Dreieck bzw. der Flächeninhalt ist 0 cm².

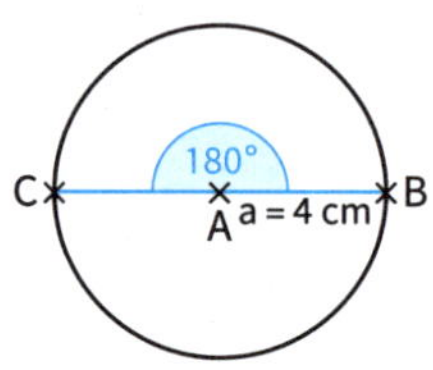

1 Die Abbildungen zeigen Anfang und Ende einer Bewegung des Punktes B. In Abb. 1 sieht man die Konstruktion. In dieser Konstruktion wird der Punkt B bewegt. Abb. 2 zeigt das Ergebnis dieser Bewegung.

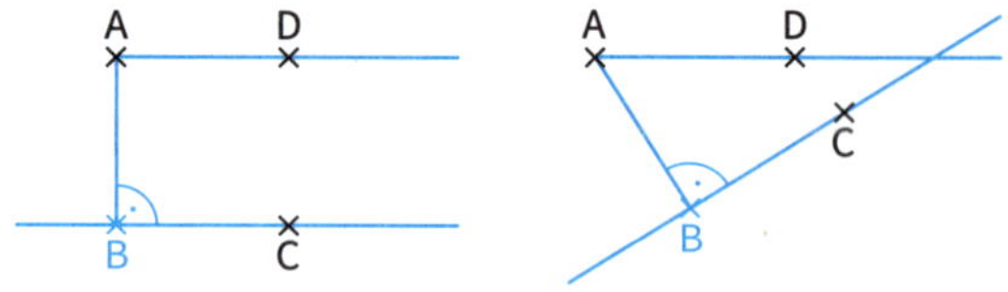

Entscheide, ob die folgenden Aussagen zur Konstruktion richtig oder falsch sind. Begründe.

(1) AD ist eine Gerade durch A und D.
(2) BC ist eine Gerade durch B und C.
(3) BC ist eine Senkrechte auf $\overline{AB}$.
(4) AD ist eine Senkrechte auf $\overline{AB}$.

2

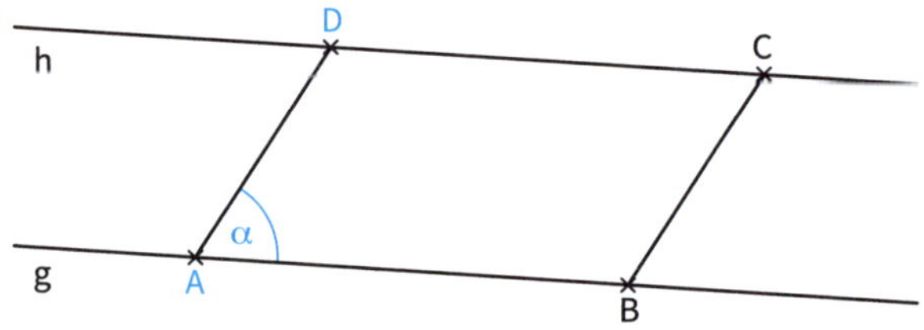

Das abgebildete Viereck ABCD wurde mit einem dynamischen Geometrieprogramm in folgenden Schritten erstellt:

(1) eine Gerade g zeichnen
(2) im Abstand von 2 cm eine zu g parallele Gerade h konstruieren
(3) Punkt A auf g setzen
(4) auf g einen Punkt B im Abstand von 4 cm von A konstruieren
(5) Punkt D auf h setzen
(6) auf h einen Punkt C im Abstand von 4 cm von D konstruieren
(7) die Punkte zu einem Viereck ABCD verbinden

a) Begründe mithilfe der Konstruktionsschritte, dass das Viereck ABCD ein Parallelogramm ist.

b) Stell dir vor, der Punkt D wird auf der Geraden h bewegt. Die Lage von AB verändert sich dabei nicht.
Gib an, wie groß der Winkel α gewählt werden muss, damit der Umfang des Vierecks ABCD am kleinsten ist. Begründe.

1 Aussage 1:

Aussage 2:

Aussage 3:

Aussage 4:

2 a)

b)

http://nale.fi/caav

19 Würfel (von S. 11)

(1) (2)

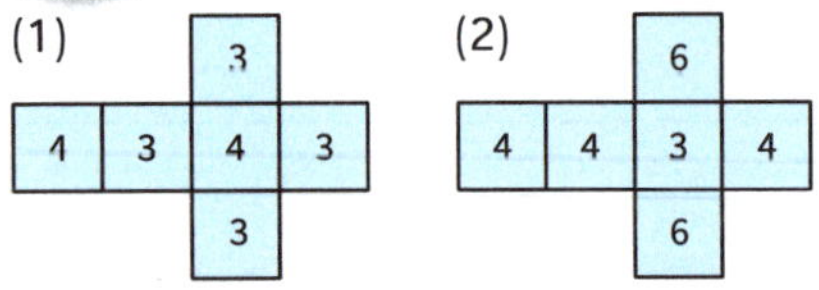

Oben siehst du die Netze zweier Würfel. Der Würfel (1) hat nur die Zahlen 3 und 4, der Würfel (2) die Zahlen 3, 4 und 6.

a) Gib die Wahrscheinlichkeit an, mit Würfel (1) eine Vier zu würfeln.

b) Gib die Wahrscheinlichkeit an, mit Würfel (2) eine Augenzahl größer als 3 zu würfeln.

c) Mit einem der beiden Würfel wurde 1000-mal gewürfelt und dabei 324-mal die Vier erzielt. Welcher Würfel ist das vermutlich gewesen? Begründe.

Zu a)
Von den sechs Feldern des Würfelnetzes (1) sind zwei mit der Zahl 4 beschriftet, also gilt

$P(4) = \frac{2}{6} = \frac{1}{3}$

Zu b)
Von den sechs Feldern des Würfelnetzes (2) sind fünf mit einer Zahl beschriftet, die größer als 3 ist, also gilt

$P(\text{größer als } 3) = \frac{5}{6}$

Zu c)
Die relative Häufigkeit (rH) eines bestimmten Ereignisses in 1 000 Würfen ist ein guter Schätzwert für die Wahrscheinlichkeit dieses Ereignisses.

$rH(4) = \frac{324}{1000} = 0{,}324$

Für Würfel (1) gilt $P(4) = \frac{1}{3}$.

Für Würfel (2) gilt $P(4) = \frac{1}{2}$.

Da die relative Häufigkeit knapp unter $\frac{1}{3}$ liegt ($0{,}324 < 0{,}333\ldots$), ist mit großer Berechtigung davon auszugehen, dass mit dem **Würfel (1)** gewürfelt wurde. Sicher kann man aber nicht sein.

Hinweis: Bei der häufigen Wiederholung von Zufallsversuchen können – zwar ganz selten – völlig unerwartete Ergebnisse auftreten, bei denen die relative Häufigkeit von der Wahrscheinlichkeit erheblich abweicht.

1 a) Wie groß ist die Wahrscheinlichkeit, mit Würfel (1) eine Vier zu würfeln?

(1)

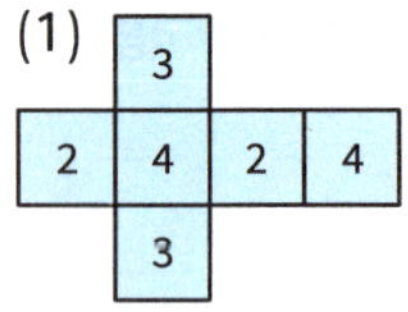

b) Wie groß ist die Wahrscheinlichkeit, mit Würfel (2) eine gerade Zahl zu würfeln?

(2)

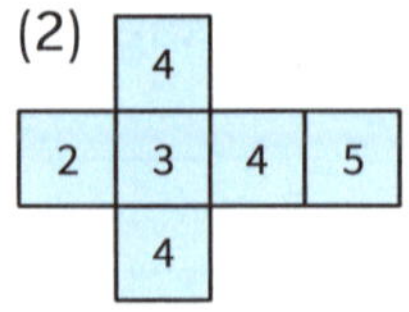

c) Wie groß ist die Wahrscheinlichkeit, mit Würfel (3) keine Sechs zu würfeln?

(3)

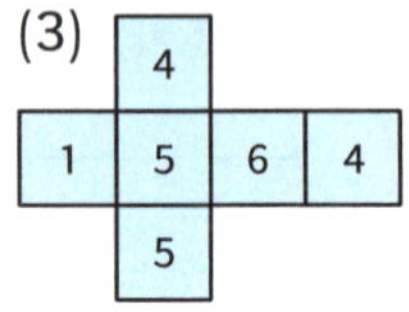

d) Mit einem der abgebildeten Würfel (1), (2) oder (3) wurde 800-mal gewürfelt. Dabei lag 548-mal eine Primzahl oben. Welcher Würfel ist das vermutlich gewesen? Begründe.

2 In einem Gefäß sind 9 Kugeln mit den Zahlen 1 bis 9. Es wird zufällig eine Kugel gezogen.

a) Wie groß ist die Wahrscheinlichkeit, eine ungerade Zahl zu ziehen?

b) Wie groß ist die Wahrscheinlichkeit, dass die gezogene Zahl kleiner als 5 ist?

c) Wie groß ist die Wahrscheinlichkeit, dass die gezogene Zahl
(1) durch 2 oder 3,
(2) durch 2 und 3 teilbar ist?

3 Bei einem zylinderförmigen „Würfel“ stehen auf den Grundflächen die Augenzahlen 1 und 2 sowie auf der Mantelfläche die Augenzahl 3.

Bei einer langen Versuchsreihe von 2000 Würfen wurde die Augenzahl 3 insgesamt 1280-mal gewürfelt.
Gib Näherungswerte für die Wahrscheinlichkeiten der Augenzahlen an.
Begründe.

1 a) *Antwort:*

b) *Antwort:*

c) *Antwort:*

d) *Antwort:*

Begründung:

2 a) *Antwort:*

b) *Antwort:*

c) *Antwort:*

3 *Lösung:*

Begründung:

Nebenrechnungen:

http://nale.fi/bggh

20 Buchstaben-Design (von S. 11)

Emil ist Designer und entwirft neue Schriftarten für den Computer. Er beginnt mit dem Entwurf des Buchstabens A (siehe Abbildung rechts). Den noch fehlenden Querstrich möchte er aus ästhetischen Gründen so einzeichnen, dass er

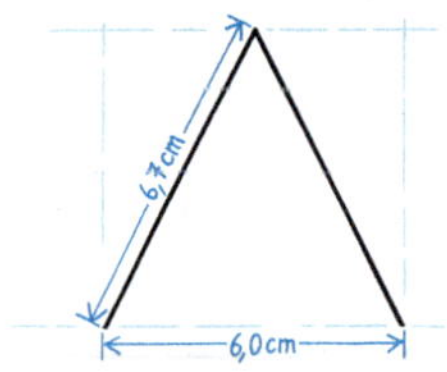

- $\frac{1}{3}$ der unteren Breite des Buchstabens als Länge hat und
- parallel zum Boden verläuft.

Berechne zunächst, wo Emil den Querstrich einzeichnen muss. Zeichne den Buchstaben auf ein extra Blatt. Zeichne den Querstrich ein und überprüfe an der Zeichnung deine Berechnung.

Gesucht ist $\overline{SC}$ bzw. $\overline{SD}$. Da die beiden Strecken $\overline{CD}$ und $\overline{AB}$ parallel zueinander verlaufen, kann man den Strahlensatz anwenden.

$\overline{CD} = \frac{1}{3} \cdot \overline{AB} = \frac{1}{3} \cdot 6\text{ cm} = 2\text{ cm}$

Mit Strahlensatz:

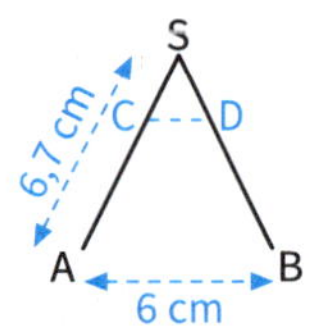

$$\frac{\overline{SC}}{\overline{SA}} = \frac{\overline{CD}}{\overline{AB}}$$

$$\frac{\overline{SC}}{6{,}7\text{ cm}} = \frac{2\text{ cm}}{6\text{ cm}} \quad | \cdot 6{,}7\text{ cm}$$

$$\overline{SC} = \frac{2\text{ cm} \cdot 6{,}7\text{ cm}}{6\text{ cm}}$$

$$\overline{SC} = 2{,}2\overline{3}\text{ cm}$$

Wenn man genau gezeichnet hat, sollte man in der Zeichnung ungefähr **2,2 cm als Länge** der Strecke messen.

http://nale.fi/kagh

21 Lineare Funktion (von S. 11)

Die Graphen der Funktionen f mit der Gleichung $y = 0{,}5x - 3$ und g mit der Gleichung $y = -2x - 3$ wurden in einem Koordinatensystem dargestellt.
Beschreibe – ohne zu zeichnen – Lage und Verlauf der beiden Graphen.

Beide Funktionen f und g sind lineare Funktionen der Form $y = m \cdot x + n$, wobei m die Steigung und n den y-Achsenabschnitt der Geraden angibt. Da bei beiden Funktionen der y-Achsenabschnitt gleich ist, schneiden sich die Geraden im Punkt $(0|-3)$.
Der Graph von f steigt, weil $m_f = 0{,}5 > 0$ ist und der Graph von g fällt, weil $m_g = -2 < 0$ ist.
Hinweis: Wenn man die Geraden zeichnet, erkennt man, dass die beiden Geraden senkrecht aufeinander stehen. Rechnerisch sieht man das daran, dass $m_f \cdot m_g = 0{,}5 \cdot (-2) = -1$ ist.

1 Fins Augenhöhe beträgt 1,75 m. Er peilt über den Stab die Spitze des Hausdaches an. Wie hoch ist das Haus?

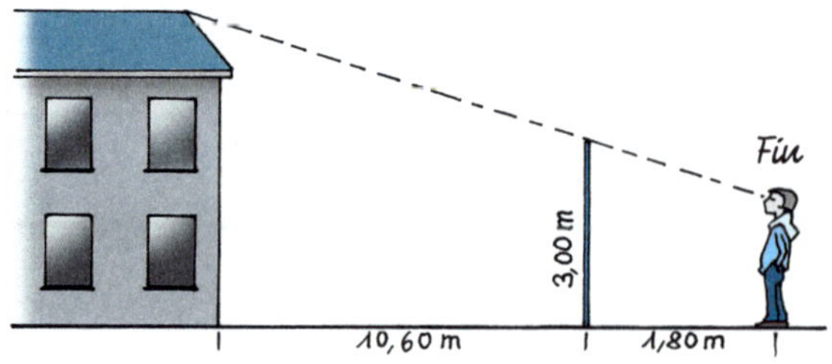

2 Es gilt: $\overline{XY}$ ist parallel zu $\overline{VW}$

$\frac{1}{3}\overline{UX} = \overline{UV}$

Welche der folgenden Gleichungen ist richtig? Begründe deine Antwort.

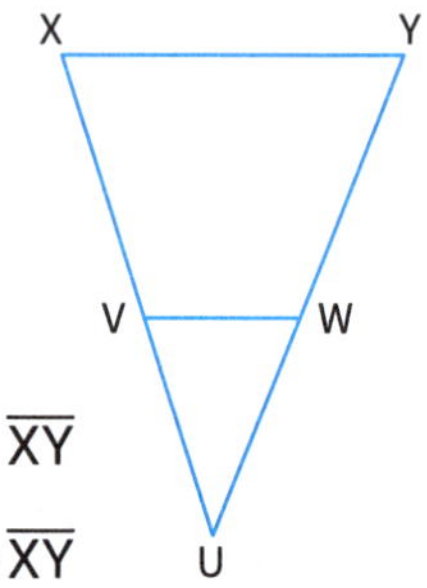

☐ $\frac{1}{3}\overline{VW} = \overline{XY}$ ☐ $\overline{VW} = 3 \cdot \overline{XY}$

☐ $\overline{VW} \cdot \overline{XY} = \frac{1}{3}$ ☐ $3 \cdot \overline{VW} = \overline{XY}$

3 Hanna ist 1,50 m groß und wirft einen 1,20 m langen Schatten. Der neben ihr laufende Sebastian hat zum gleichen Zeitpunkt einen Schatten von 1,45 m.
Wie groß ist Sebastian?

4 Ordne Funktionsgleichungen und Diagramme einander zu.

(1) $y = 2x - 5$ (3) $y = \frac{3x + 5}{2}$

(2) $y = 3 - x$ (4) $y = -\frac{1}{5}x$

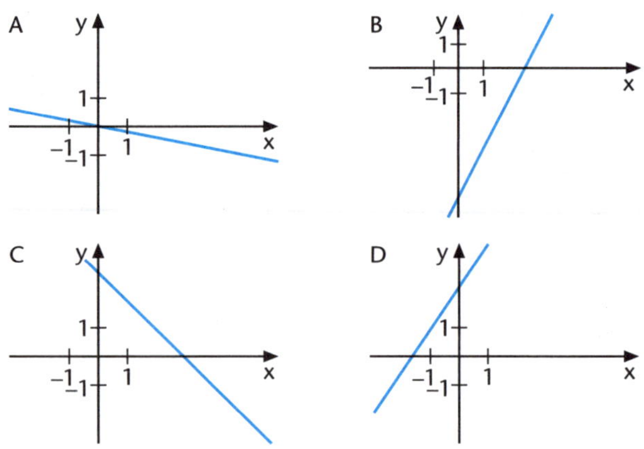

5 Beschreibe den Verlauf der Graphen der linearen Funktionen f und g mit den Gleichungen f: $y = 1{,}5x$ und g: $y = 1{,}5x - 1$.

6 Gib die Steigung einer Geraden an, die durch die Punkte $A(0|2)$ und $B(4|0)$ verläuft.

1 *Antwort:* ______________________________

____

____

Skizze und Nebenrechnungen:

2 *Begründung:* ______________________________

____

____

____

3 *Antwort:* ______________________________

____

4

Funktionsgleichung	(1) $y = 2x - 5$	(2) $y = 3 - x$	(3) $y = \frac{3x+5}{2}$	(4) $y = -\frac{1}{5}x$
Diagramm				

5 Verlauf des Graphen von f: ______________________________

____

Verlauf des Graphen von g: ______________________________

____

Vergleich: ______________________________

____

6 *Antwort:* ______________________________

____

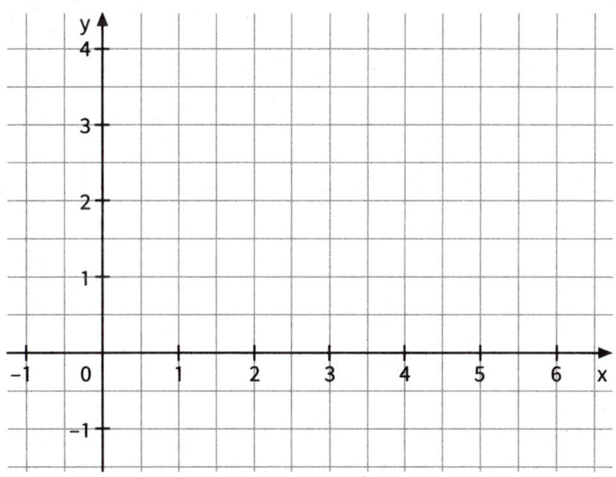

Abschlusstest – Basisaufgaben

1 Rechnen und Ordnen

Rechne und trage deine Ergebnisse auf der Zahlengeraden ein.

a) Berechne die Differenz von 6,5 und 7,3.

b) Berechne die Differenz von –1,2 und –0,8.

c) Dividiere 4 durch –16.

d) Teile das Produkt aus –3 und –50 durch die dritte Potenz von 5.

e) Subtrahiere vom Produkt aus $-\frac{3}{5}$ und 35 das Vierfache von –5.

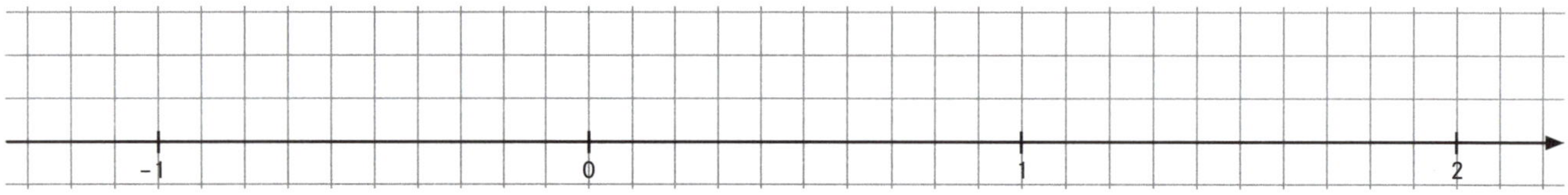

2 Quadrat und Rechteck

Der Flächeninhalt eines Quadrats beträgt 36 cm^2.

a) Bestimme den Umfang: u = ________________

b) Gib die Seitenlängen von zwei Rechtecken an, die auch einen Flächeninhalt von 36 cm^2 haben.

(1) a = ______________ b = ______________ (2) a = ______________ b = ______________

3 Abschlussfahrt

Für die Abschlussfahrt einer Jahrgangsstufe 10 stehen Venedig, Paris, Prag oder London als Ziele zur Auswahl. Eine Abstimmung unter den 80 Schülerinnen und Schülern der Jahrgangsstufe ergab: Jeder Vierte ist für Venedig, 20 % sind für Paris. Nach London wollen dreimal so viele wie nach Prag.

a) Wie viele Schülerinnen und Schüler sind für die einzelnen Ziele?

Venedig: ______________ Paris: ______________ London: ______________ Prag: ______________

b) Gib die relativen Häufigkeiten für die einzelnen Ziele in Prozent an.

Venedig: __________ % Paris: __________ %

London: __________ % Prag: __________ %

Kreisdiagramm:

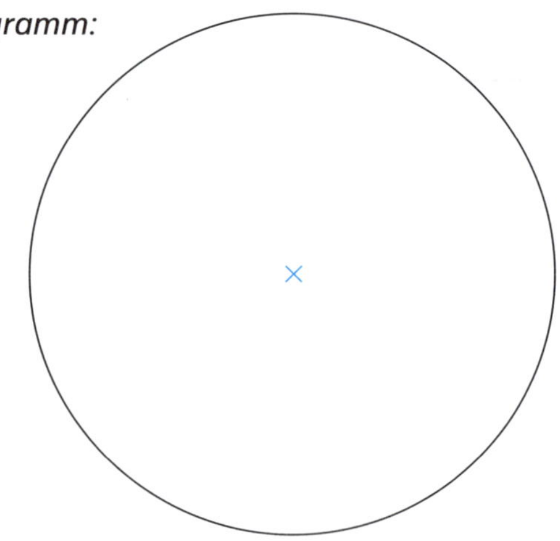

c) Stelle die relativen Häufigkeiten in einem Kreis- und einem Streifendiagramm dar.

Streifendiagramm:

4 Lineare Funktionen

In einem Koordinatensystem sind die Graphen der Funktionen $f(x) = -0{,}2x - 3$ und $g(x) = -0{,}2x + 3$ dargestellt. Beschreibe Lage und Verlauf der beiden Graphen, ohne zu zeichnen.

____

____

5 Gleichungssysteme

a) Löse das Gleichungssystem.

I: $5x - 3y = 53$
II: $4x + 3y = 37$

x = ________ y = ________

b) Das Dreifache einer Zahl ist um 1 kleiner als eine zweite Zahl. Die Summe aus dem Doppelten der ersten Zahl und der zweiten Zahl ergibt 36. Berechne die beiden Zahlen mit einem Gleichungssystem.

1. Zahl: ________ 2. Zahl: ________

6 Dynamisches Dreieck

Mit einem dynamischen Geometrieprogramm wurde nebenstehende Zeichnung erstellt:

- g ist die Parallele zu h durch D.
- A und B sind Punkte auf h.
- C ist ein Punkt auf g.
- A, B und C sind Eckpunkte des Dreiecks ABC.

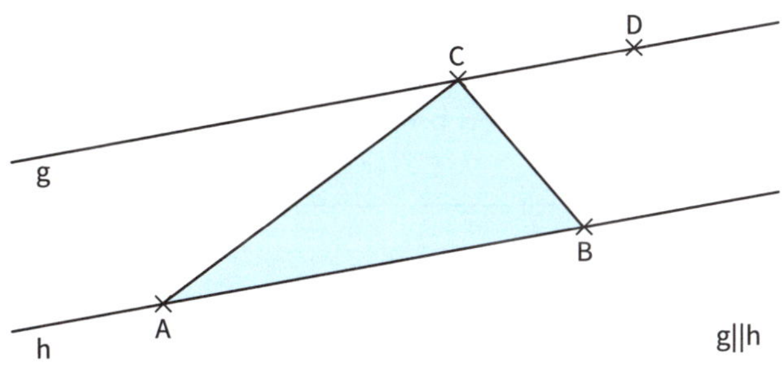

a) Der Punkt C wird auf der Geraden g bewegt. Was verändert sich, was bleibt gleich? Begründe.

____

____

b) Der Punkt D wird auf den Punkt B gezogen. Skizziere, wie die Figur dann aussieht.

7 Dreieck im Koordinatensystem

a) Zeichne das Dreieck A(−1|−1), B(3|−1) und C(3|2) in das gegebene Koordinatensystem.

b) Berechne die Länge der Seite $\overline{AC}$ und den Flächeninhalt A des Dreiecks.

$\overline{AC}$ = ________________

A = ________________

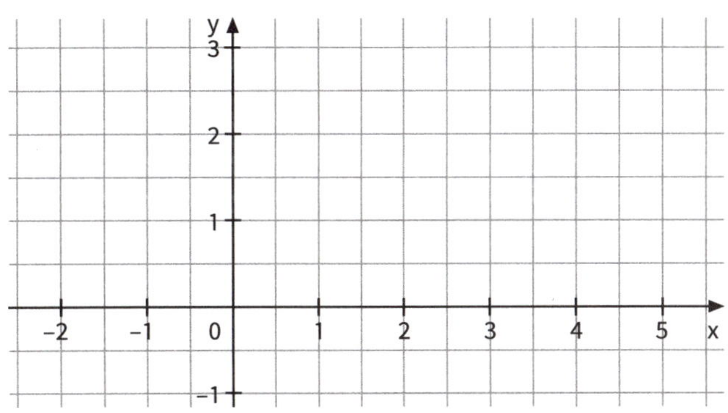

8 Prozente

a) Wie viel sind 40 % von 130 €?

____

b) Von wie viel Kilogramm sind 4 % genau 12 kg?

____

c) Wie viel Prozent sind 24 cm von 6 m?

____

d) Berechne 3 % Zinsen von 760 € Spareinlage.

____

9 Kinobesucher

In der ersten Woche nach der Premiere eines neuen Science Fiction Films sind in einem Kino folgende Besucherzahlen notiert worden:

Do: 625, Fr: 745, Sa: 820, So: 655, Mo: 423, Di: 388, Mi: 495.

a) Gib für diese erste Kinowoche des Films das arithmetische Mittel der Besucherzahlen pro Tag an.

____

b) Nachdem der Film zwei Wochen gelaufen ist, steht in der Zeitung: „In den ersten beiden Kinowochen haben durchschnittlich 450 Besucher pro Tag den Film gesehen."
Wie viele Personen haben den Film noch in der zweiten Kinowoche gesehen?

____

10 Lostrommel

In einer Lostrommel sind 300 Lose, davon 20 Hauptgewinne.

a) Wie groß ist die Wahrscheinlichkeit, dass das erste gezogene Los ein Hauptgewinn ist?

____

b) Unter den ersten 30 gezogenen Losen waren zwei Hauptgewinne. Lukas zieht das 31. Los.
Vergleiche die Wahrscheinlichkeit für einen Hauptgewinn mit der ersten Ziehung. Ist sie jetzt:

☐ kleiner, ☐ größer, ☐ genauso groß?

11 Gleichungen und Graphen

Ordne den Funktionsgleichungen die zugehörigen Graphen (g_1, g_2, ...) zu.

	$y = x + 1$
	$y = -x^2$
	$y = x^2 + 2x + 1$
	$y = x^2 + 2$

	$y = x^2 - 2$
	$y = 0{,}5x + 1$
	$y = -2x + 1$
	$y = -2x^2$

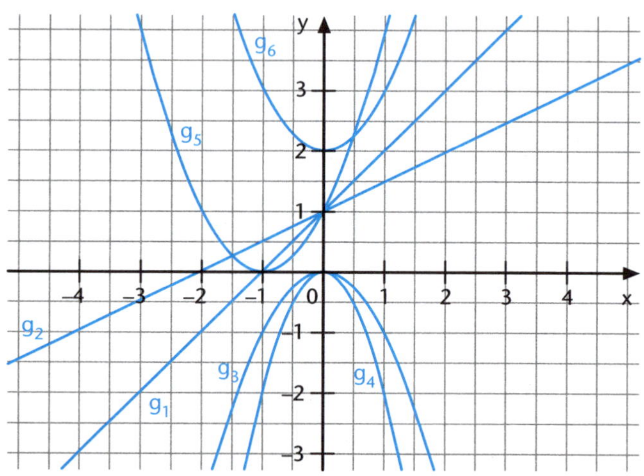

12 Fahrstuhl

Für ein Büro in der ersten Etage wird eine Palette mit Kopierpapier angeliefert. Die Palette muss mit dem Fahrstuhl transportiert werden. Wie schwer ist das Kopierpapier?
Hinweis:
Maße eines DIN-A4-Blattes (in cm): 21,0 x 29,7

13 Parabeln in verschiedenen Darstellungen

Eine Parabel hat den Scheitelpunkt S(– 1,5 | 3,5). Sie ist nach unten geöffnet und gegenüber der Normalparabel um 0,5 gestaucht.
Gib die Scheitelpunktform der Parabel an und wandle diese in die allgemeine Form um.

f(x) = ____________________ (Scheitelpunktform)

f(x) = ____________________ (allgemeine Form)

14 Wasserfass

a) Berechne das Volumen des Wasserfasses. Runde auf Liter.

V = ________________

b) Berechne den Oberflächeninhalt des Fasses. Runde auf Zehntel m^2.

O = ________________

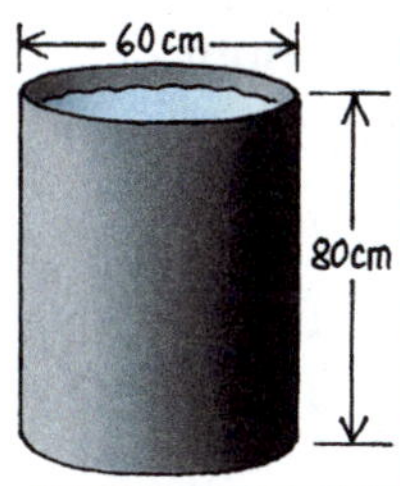

15 Größen bestimmen

Kreuze an, welche Maßangabe stimmen könnte. *Tipp:* Schätze zuerst die Maße.

Ladevolumen eines Lasters

- ☐ 5 m^3
- ☐ 500 000 dm^3
- ☐ 50 000 *l*
- ☐ 500 cm^3

Länge eines Springseils

- ☐ 250 000 mm
- ☐ 25 dm
- ☐ 2 500 cm
- ☐ 0,025 km

Fläche eines Handballfeldes

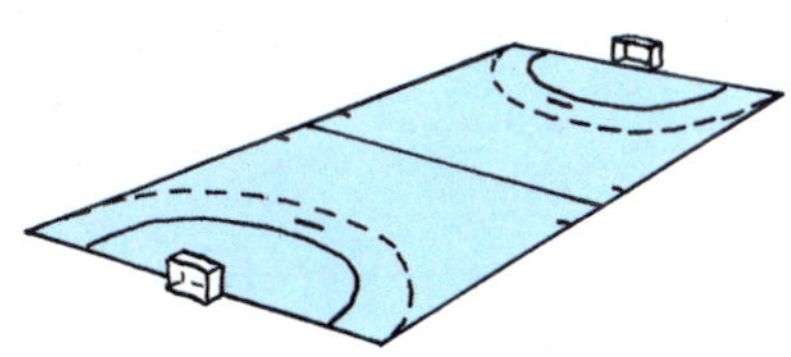

- ☐ 80 000 cm^2
- ☐ 8 000 dm^2
- ☐ 800 m^2
- ☐ 0,8 km^2

16 Straßenfest

Die Bewohner des Parkwegs planen ein Straßenfest.
Die Tabelle zeigt die Kalkulation für den Grillstand.

	A	B	C	D
1		Verkaufspreis	Stückzahl	Einnahmen
2	Essen			
3	Bratwurst	2,00 €	60	120,00 €
4	Currywurst	2,50 €	45	112,50 €
5	Steak	3,50 €	50	175,00 €
6	Brötchen	0,50 €	200	100,00 €
7				
8	Trinken			
9	Softdrinks	2,00 €	250	500,00 €
10	Wasser	1,00 €	150	150,00 €
11				
12			Gesamteinnahmen	1.157,50 €
13				

a) Insgesamt sollen ________ Würste verkauft werden.

b) Der Preis für ein Steak steht in Zelle ________ .

Es soll ________ € kosten.

c) Die voraussichtlichen Einnahmen aus dem Bratwurstverkauf werden in der Zelle ________ mit der Formel ____________________ berechnet.

d) Gib zwei verschiedene Formeln an, um die Gesamteinnahmen in Zelle D12 zu berechnen.

D12: ______________________________ oder ______________________________

17 Lohnerhöhungen

Kreuze die Fragen an, die anhand des Artikels beantwortbar sind:

(1) ☐ Wurde das Gehalt von Facharbeitern und ungelernten Arbeitern um denselben Prozentsatz erhöht?

(2) ☐ Wurde das Gehalt von Facharbeitern und Akademikern mit Berufserfahrung um denselben Prozentsatz erhöht?

(3) ☐ Um wie viel Prozent wurde das monatliche Gehalt von Facharbeitern angehoben?

(4) ☐ Um wie viel Prozent wurde das monatliche Gehalt von ungelernten Arbeitern angehoben?

(5) ☐ Um wie viel Prozent wurde das monatliche Gehalt aller drei Gruppen (Facharbeiter, Ungelernte, Akademiker) durchschnittlich erhöht?

Sattes Lohnplus

Müde kamen die acht Verhandlungsführer, bestehend aus Arbeitgebern und Arbeitnehmern, nach über 13 Stunden Diskussion aus dem Hotel „Gloria“ und stellten sich den Fragen der Presse. In langen Gesprächen haben sie vereinbart, die Einkommen der Facharbeiter auf 2712 € und die der Arbeiter ohne Ausbildung auf 2007 € zu erhöhen. In beiden Fällen wird damit das Gehalt um 112 € angehoben. Bei Akademikern mit Berufserfahrung wird das Gehalt sogar um 200 € angehoben. Die vereinbarte Laufzeit des Vertrages beträgt 13 Monate.

18 Funktionsbeschreibung

Beschreibe so genau wie möglich, wie bei den jeweiligen Funktionen der x-Wert und der y-Wert zusammenhängen. Gib auch jeweils an, um welche Art von Funktion es sich handelt.

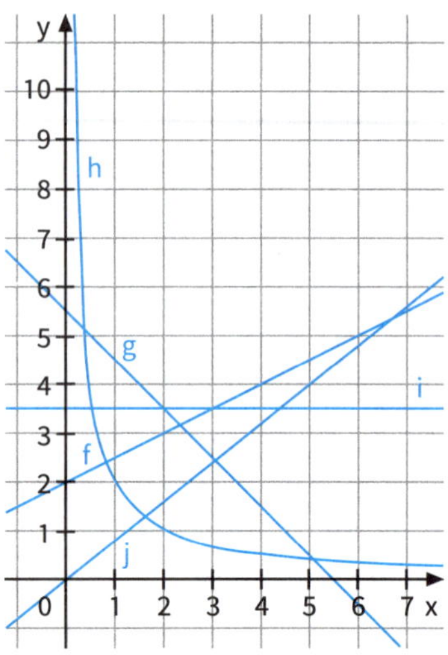

Graph f	
Graph g	
Graph h	
Graph i	
Graph j	

19 Würfeln mit einem Quader

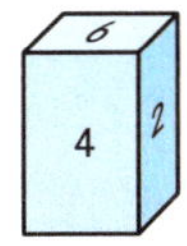

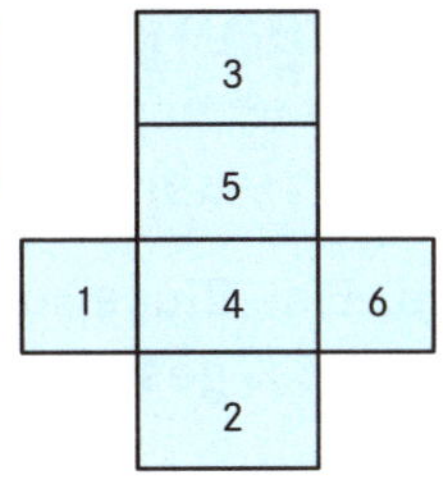

Die Grundflächen des abgebildeten Holzquaders sind Quadrate. Auf den Flächen des Quaders stehen wie bei einem normalen Würfel die Zahlen 1 bis 6. Mit einer sehr großen Anzahl von Versuchen wurde ermittelt, dass die Wahrscheinlichkeit, die Augenzahl 6 zu würfeln, ca. 8 % beträgt.

a) Schau dir das Netz des Quaders genau an und bestimme auch für die übrigen Augenzahlen 1 bis 5 Näherungswerte für die Wahrscheinlichkeiten.

Augenzahl	1	2	3	4	5	6
Näherungswert für Wahrscheinlichkeit						8 %

Begründe, warum man nur Näherungswerte angeben kann.

b) Der Quader wird in einer Versuchsreihe 4000-mal gewürfelt. Wie oft wird dann ungefähr die Augenzahl 6 auftreten? Begründe.

20 Baumhöhe

Die Baumspitze wird über einen 3 m langen Stab angepeilt. Bestimme die Höhe des Baumes.

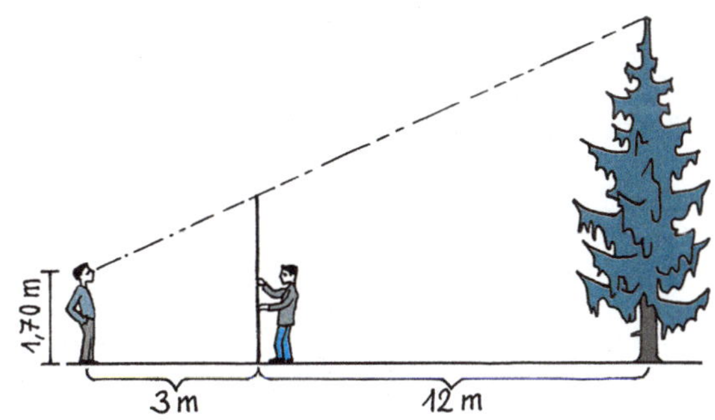

Skizze nicht maßstäblich

21 Rechengeschichten

Welche der folgenden Sachtexte passen zu der Gleichung $x + 0{,}5x = 30$? Kreuze jeweils an!

1	Eine Lostrommel enthält 30 Lose. Es gibt doppelt so viele Gewinne wie Nieten.	☐ Ja	☐ Nein
2	Robert nimmt sich vor, 30 Tage lang täglich 1 Euro zu sparen. Die Hälfte der Zeit schafft er leider nur 50 Cent zu sparen.	☐ Ja	☐ Nein
3	Für eine Feier werden 30 Liter Fruchtbowle bestellt. Zu einer 1-Liter-Flasche Mineralwasser wird jeweils 0,5 Liter frischer Fruchtsaft hinzugefügt.	☐ Ja	☐ Nein
4	Max ist nur halb so alt wie sein Bruder. Zusammen sind sie 30 Jahre alt.	☐ Ja	☐ Nein

Eingangstest – Komplexe Aufgaben

1 Preisänderungen **(Lösung Seite 52)**

a) Eine Bluse kostet 74,90 €. Der Preis wird um 35 % gesenkt. Berechne den neuen Preis.

____

b) Der Preis für einen Anzug wurde um 40 % auf 179,94 € reduziert. Wie teuer war er vorher?

____

c) Der Preis für ein Rennrad wird um 50 € erhöht und beträgt jetzt 499 €. Um wie viel Prozent wurde der Preis erhöht?

____

2 Werkstück **(Lösung Seite 53)**

Das abgebildete Werkstück ist ein Quader, aus dem oben eine Halbkugel mit dem Radius 5 cm gefräst wurde (Maße in cm). Das Werkstück besteht aus Stahl mit der Dichte 7,9 $\frac{g}{cm^3}$.

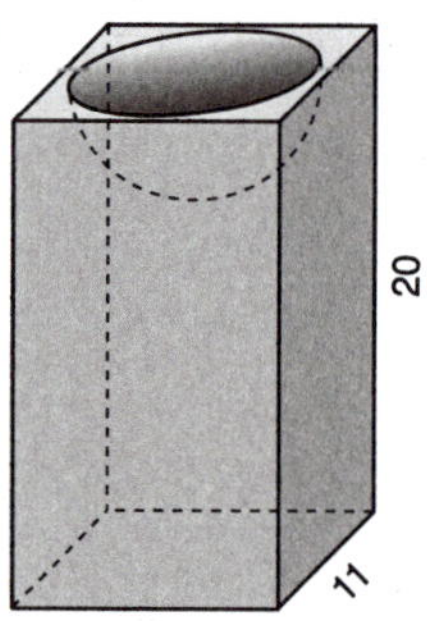

a) Berechne die Masse m des Werkstücks.

m = ______________

b) Berechne auch den Oberflächeninhalt.

O = ______________________________

3 Straßenbahnfahrplan **(Lösung Seite 54)**

Der grafische Fahrplan gibt Auskunft über die Fahrt einer Straßenbahn vom Bahnhof (Bhf.) bis zum Tierpark mit den Zwischenhalten Rosentor, Nordheide und Stadion.

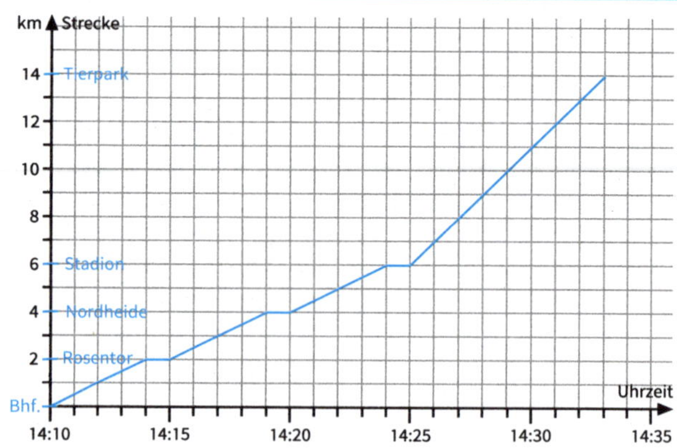

a) Gib die Entfernung zwischen den Haltestellen Bahnhof und Tierpark an.

____

b) Bestimme mithilfe der Grafik die Durchschnittsgeschwindigkeiten zwischen den Haltestellen.

____

c) Vervollständige mithilfe der Grafik den Fahrplan mit Ankunfts- und Abfahrtzeiten.

Haltestelle	Bahnhof	Rosentor		Nordheide		Stadion		Tierpark
	ab	an	ab	an	ab	an	ab	an
Uhrzeit	____	____	____	____	____	____	____	____

4 Fahrradurlaub (Lösung Seite 55)

Die nebenstehende Grafik zeigt, wie sich der Verbrauch eines Autos ändert, wenn man einen Dach- oder Heckträger (mit Fahrrädern) montiert.

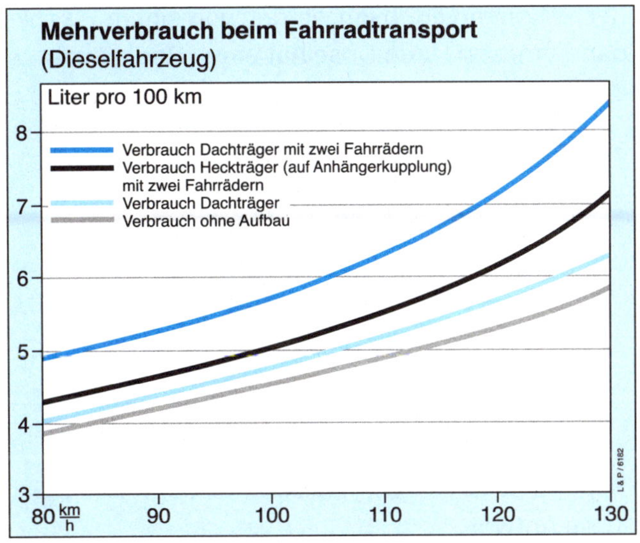

a) Lennard behauptet, dass bei 80 $\frac{km}{h}$ der Verbrauch eines Autos mit zwei Fahrrädern auf dem Dachträger ungefähr doppelt so hoch ist wie bei einem Auto ohne Aufbau. Nimm Stellung zu dieser Aussage.

____

____

b) Herr Tropper fährt immer mit einem Dachträger. Diesmal hat er aber darauf noch zwei Fahrräder montiert. Um wie viel Prozent steigt dadurch der Verbrauch bei 120 $\frac{km}{h}$?

____

____

c) Herr und Frau Tropper überlegen, ob sie auf dem Dachträger des Autos ihre beiden Fahrräder in den Urlaub nach Schweden mitnehmen. Herr Tropper fährt im Schnitt 100 $\frac{km}{h}$. Erstelle einen Graphen, der den Gesamtverbrauch für beide Varianten (mit und ohne Fahrräder) in Abhängigkeit von der zurückgelegten Strecke beschreibt.
Benutze dafür das rechts abgebildete Koordinatensystem.

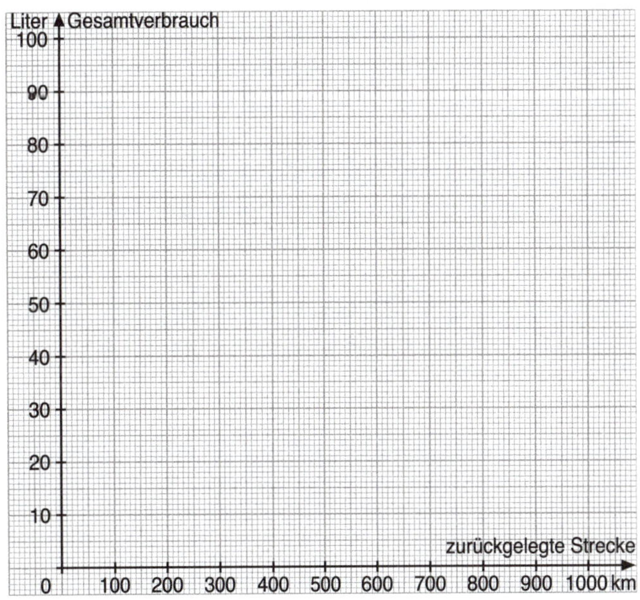

5 Herzogstandbahn (Lösung Seite 56)

Der Kartenausschnitt zeigt ein Wandergebiet in der Nähe von München. Anhand der Höhenlinien kann man erkennen, wie steil das Gelände ist. Eine Höhenlinie verbindet jeweils Punkte der Erdoberfläche, die auf gleicher Höhe über dem Meeresspiegel (ü. M.) liegen.
Wer sich den anstrengenden Aufstieg auf den Fahrenberg sparen will, benutzt den Sessellift. Die Herzogstandbahn bringt in nur 4 Minuten ihre Gäste von der Talstation am Walchensee auf den Fahrenberg.
Wie lang ist die Strecke, die eine Kabine bei ihrer Fahrt auf den Berg zurücklegt?

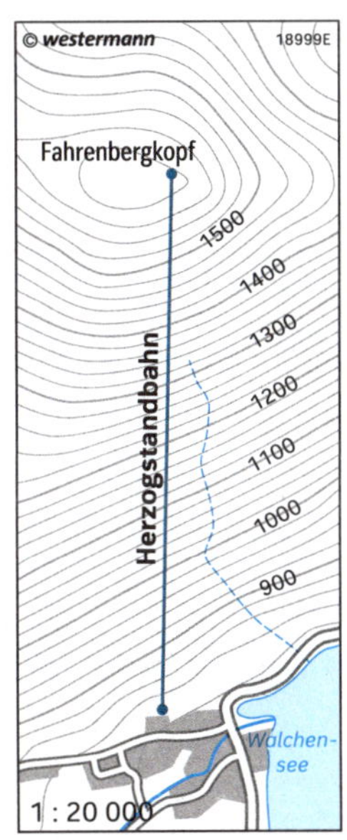

6 Konservendosen (Lösung Seite 57)

Sechs Konservendosen werden von einem Plastikband umfasst. Jede Dose hat einen Radius von 4 cm.

a) Berechne die Länge des Plastikbandes.

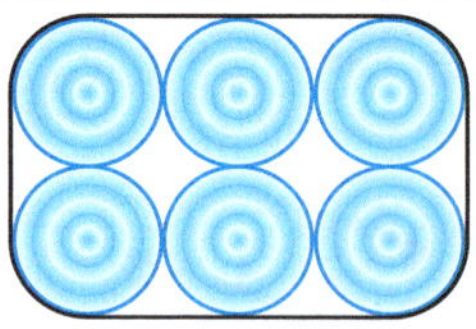

Länge: ______________________

b) Reicht für Dosen mit doppeltem Radius ein doppelt so langes Plastikband? Begründe deine Antwort.

____

____

7 Gläser (Lösung Seite 58)

Ein Likörglas und ein Rotweinglas werden mit Wasser gefüllt.

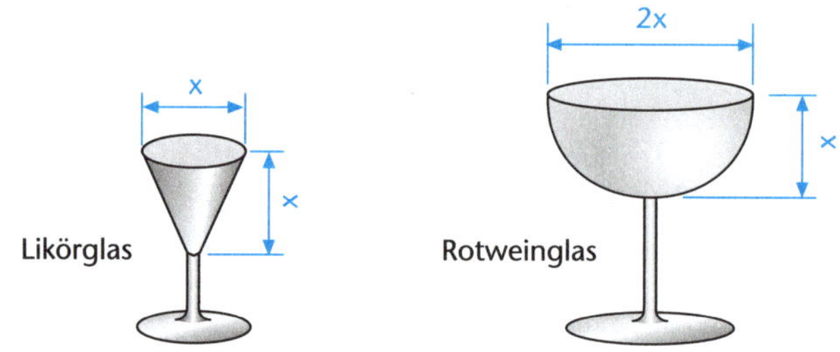

a) Wie viele vollständig gefüllte Likörgläser werden benötigt, um das Rotweinglas bis zum Rand zu füllen?

____

b) Welcher der abgebildeten Graphen zeigt am besten, wie sich die *Höhe h* des Flüssigkeitsspiegels beim gleichmäßigen Befüllen des **Rotweinglases** in Abhängigkeit von der *Zeit t* ändert? Kreuze an.

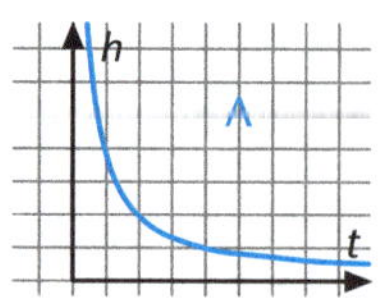

☐

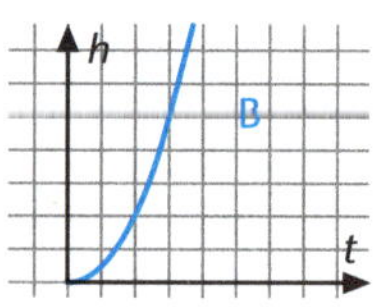

☐

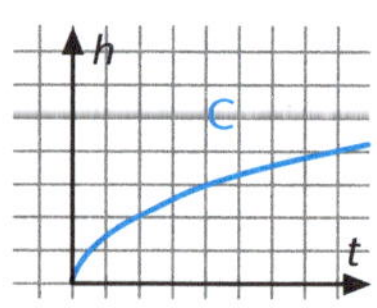

☐

8 Agenturmeldung (Lösung Seite 59)

> Vor allem in Thüringen und Sachsen hängt oder liegt die *weiße Bluse* bei fast jeder neunten Frau (87,4 Prozent) im Schrank, ergab jetzt eine Umfrage.

Die nebenstehende Pressemeldung ist fehlerhaft. Begründe.

____

____

____

____

9 Kugelstoßen (Lösung Seite 60)

Hier siehst du den ersten Teil der Flugbahn einer gestoßenen Kugel (Maße in m).

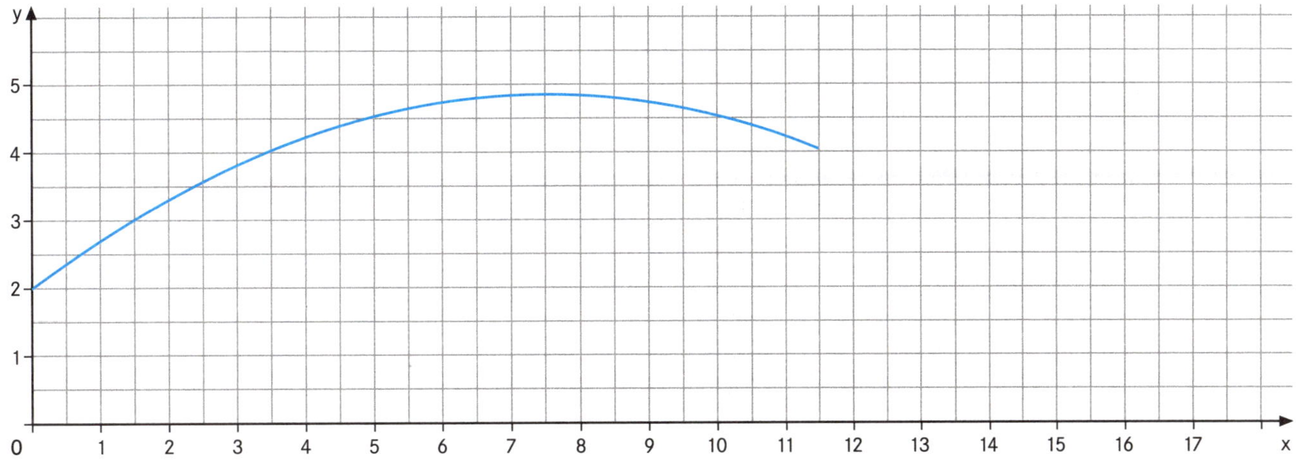

Die Flugbahn kann näherungsweise mit der Funktionsgleichung $f(x) = -0{,}05\,x^2 + 0{,}75\,x + 2$ beschrieben werden.

a) Lies am Graphen ab, aus welcher Höhe die Kugel abgestoßen wurde.

b) Berechne, welche maximale Höhe die Kugel erreicht. Kontrolliere dein Ergebnis am Graphen.

c) Berechne die Kugelstoßweite und vervollständige die Flugbahn.

10 Haus mit Satteldach (Lösung Seite 61)

Der Zeichnung kannst du die Außenmaße eines Einfamilienhauses entnehmen.

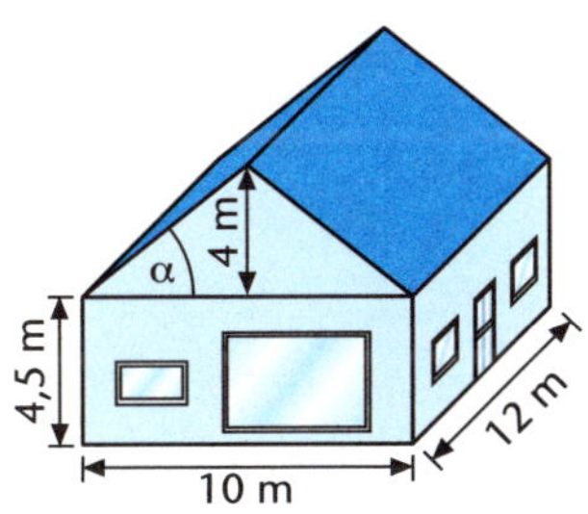

a) Berechne das Volumen des Hauses (umbauter Raum).

b) Wie groß ist die gesamte Dachfläche?

c) Berechne den Neigungswinkel α des Dachs.

11 Nebenjobs (Lösung Seite 62)

(Lösung Seite 62)

Bei einer Umfrage unter 580 Zehntklässlern geben 30 % an, neben der Schule zu jobben. Insgesamt nehmen 348 Mädchen an der Umfrage teil. Von den befragten Mädchen haben 25 % einen Nebenjob.

a) Berechne den prozentualen Anteil der Mädchen und Jungen an den befragten Zehntklässlern.

____

b) Wie viele Mädchen haben keinen Nebenjob?

____

c) Wie viel Prozent der Jungen haben keinen Nebenjob?

____

12 Pkw-Antriebe und Kosten (Lösung Seite 63)

Fahrzeughersteller bieten ihre Modelle mit alternativen Antrieben an.

a) Berechne, wie weit man mit den verschiedenen Antrieben für 10 € kommt. Stelle die Ergebnisse in einem geeigneten Diagramm dar.

Modell	Antrieb	Kosten pro 100 km
Eco B	Benzinmotor	7,80 €
Eco D	Dieselmotor	5,82 €
Eco H	Hybridmotor	5,33 €
Eco E	Elektromotor	2,93 €

b) Für den Antrieb mit einem Hybridmotor wurde ein Preis von 1,30 € pro Liter Super angenommen. Kann das Fahrzeug mit einer Tankfüllung (50 *l*) die Strecke Hamburg – München (775 km) zurücklegen? Begründe rechnerisch.

c) Im Preis von einem Liter Super (1,30 €) ist eine Energiesteuer von 65,45 ct enthalten. Berechne den Anteil in Prozent.

13 Seitenlängen beim Quadrat (Lösung Seite 64)

Welche Aussagen sind falsch? Begründe, warum sie falsch sind.

(1) Verdoppelt man die Seitenlänge eines Quadrats, so vervierfacht sich der Umfang.

(2) Verdoppelt man die Seitenlänge eines Quadrats, so vervierfacht sich der Flächeninhalt.

(3) Verdreifacht man die Seitenlänge eines Quadrats, so verdreifacht sich der Umfang.

(4) Verdreifacht man die Seitenlänge eines Quadrats, so verdreifacht sich der Flächeninhalt.

14 Tonnenschwere Goldmünze (Lösung Seite 65)

Zwei Zeitungen berichteten im Oktober 2011 über die größte Goldmünze der Welt.

(1) „Eine Tonne schwer und 80 cm Durchmesser, reines Gold im Wert von 55 Millionen US-Dollar."

(2) „... sie ist 80 cm hoch, 12 cm dick, 1 Tonne schwer und zu 99,99 Prozent aus Feingold. Ihr Materialwert liegt bei 34 000 000 €."

a) Vergleiche die Angaben zum Materialwert der Meldungen (1) und (2). Bestimme den Wechselkurs zwischen Euro und Dollar für Oktober 2011.

b) Stimmt die angegebene Dicke in (2) mit den in (1) genannten Maßen überein? Rechne bei Gold mit einer Dichte von $19{,}3\ \frac{g}{cm^3}$.

c) Löse die Formel für das Volumen eines Zylinders nach r auf. Berechne damit den Radius r einer solchen Goldmünze, die dieselbe Dicke hat, aber nur halb so schwer ist.

15 Kapitalanlage (Lösung Seite 66)

Zur Konfirmation erhält Henrik 1 000 € von seinen Großeltern. Er legt das Geld zu 1,5 % an und will den Betrag so lange unangetastet lassen, bis sich sein Anfangskapital verdoppelt hat.

a) Wie viele Jahre muss Henrik ungefähr warten?

b) In welcher Zeit würde sich bei gleicher Verzinsung ein Kapital von 10 000 € verdoppeln?

16 Zwei Würfel (Lösung Seite 67)

Es wird gleichzeitig mit einem blauen und einem schwarzen Würfel gewürfelt.
Das Ereignis (3;5) bedeutet: Mit dem blauen Würfel wurde eine 3 und mit dem schwarzen Würfel eine 5 gewürfelt.

a) Wie viele Ergebnisse sind möglich?

b) Wie groß ist die Wahrscheinlichkeit für das Ereignis (3;5)?

c) Wie groß ist die Wahrscheinlichkeit, einen Pasch, d. h. zwei gleiche Zahlen, zu würfeln?

17 Fußballduell (Lösung Seite 68)

Die abgebildete Grafik vergleicht, wie viel Euro in Deutschland und wie viel Euro in England durch internationale und nationale Medienerlöse eingenommen werden.

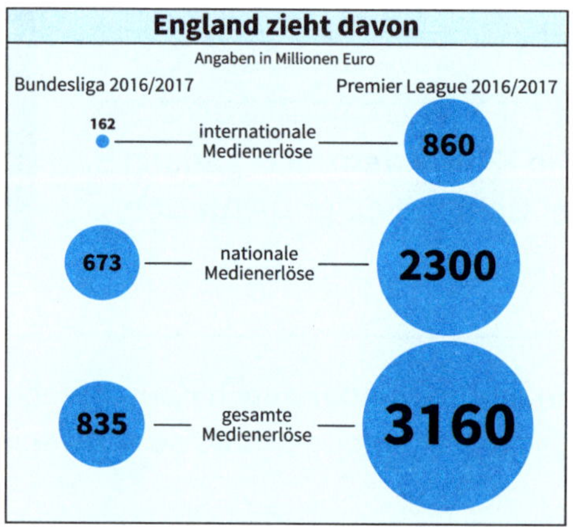

a) Wie viel Prozent der gesamten Medienerlöse in Deutschland machen die nationalen Medienerlöse aus?

b) Angenommen, der internationale Medienerlös wächst jedes Jahr in Deutschland um 10 %. Nach wie vielen Jahren ist er dann ungefähr so groß wie in England im Jahr 2016/2017?

c) Begründe, warum die Darstellung der beiden Kreise zum internationalen Medienerlös irreführend ist.

18 Zahlenrätsel (Lösung Seite 69)

(1) Subtrahiere vom Dreifachen einer Zahl 8, dann erhältst du 5 mehr als die Zahl.	(2) Verdreifachst du die Differenz aus einer Zahl und 8, so erhältst du 5 weniger als die Zahl.	(3) Subtrahiert man 8 von einer Zahl, so erhält man das Dreifache der Summe aus 5 und der Zahl.

a) Welches Zahlenrätsel gehört zu der Gleichung $x - 8 = 3(5 + x)$? Nr.: ____________

b) Löse die Gleichung $x - 8 = 3(5 + x)$.

$x =$ ____________

c) Schreibe auch zu den anderen Zahlenrätseln eine passende Gleichung auf.

Nr. (   ): ______________________________

Nr. (   ): ______________________________

19 Smartphone-Nutzung (Lösung Seite 70)

Die Schülerinnen und Schüler aller 10. Klassen einer Schule wurden befragt, wie oft sie ihr Smartphone am Tag vor der Befragung zum Telefonieren, Simsen oder Surfen ungefähr benutzt haben. Das Ergebnis wurde in einem Boxplot dargestellt.

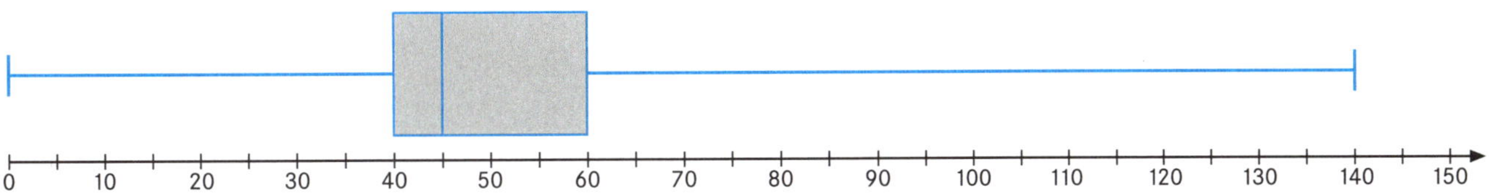

a) Entnimm dem Boxplot folgende Werte:

Spannweite: ______ Median (Zentralwert): ______ unteres Quartil: ______ oberes Quartil: ______

b) Felix behauptet: „Die meisten Schüler haben mehr als 60-mal mit dem Smartphone telefoniert, gesimst oder gesurft." Nimm Stellung.

____

____

20 Fläche NRW (Lösung Seite 71)

Der Kartenausschnitt zeigt das Bundesland Nordrhein-Westfalen. Bestimme näherungsweise die Größe der Fläche von Nordrhein-Westfalen. Benutze den Maßstab der Karte. Begründe dein Vorgehen.

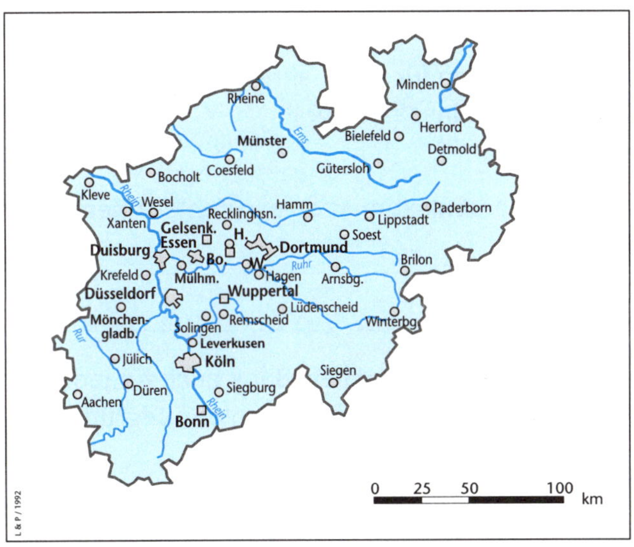

21 Quadratische Gleichungen (Lösung Seite 72)

In der Abbildung siehst du, wie zwei Schüler die Gleichung $x^2 - 8x + 20 = 0$ gelöst haben.

a) Prüfe die Lösungswege. Welcher Weg stimmt, welcher Fehler wurde gemacht?

b) Löse folgende Gleichungen. Nicht immer brauchst du eine Lösungsformel.

Marcel	Paul
$x^2 - 8x + 20 = 0$	$x^2 - 8x + 20 = 0$
$x_{1/2} = 4 \pm \sqrt{16 + 20}$	$x_{1/2} = 4 \pm \sqrt{16 - 20}$
$x_{1/2} = 4 \pm \sqrt{36}$	$x_{1/2} = 4 \pm \sqrt{-4}$
$x_1 = 4 + 6 = 10$	
$x_2 = 4 - 6 = -2$	keine Lösung

(1) $(x + 7) \cdot (x - 7) = 0$ (2) $x^2 + 8x + 16 = 0$ (3) $x^2 - 5x = 0$ (4) $4x^2 + 96x - 100 = 0$

22 Glücksrad (Lösung Seite 73)

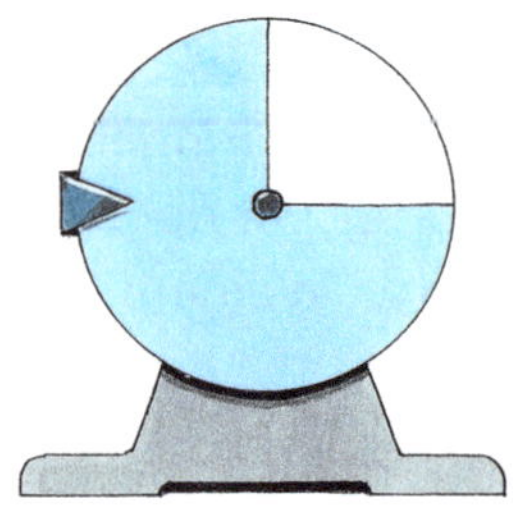

Auf einem Schulfest kann man am Stand der Klasse 10a für einen Einsatz von 1 € zweimal das abgebildete Glücksrad drehen. Bleibt es jedes Mal auf der gleichen Farbe stehen, gewinnt man, und zwar bei „blau" einen Trostpreis im Wert von 0,30 € und bei „weiß" einen Sachpreis von 8 €.

a) Zeichne ein Baumdiagramm und bestimme die Wahrscheinlichkeiten:

(1) P(blau ; blau): ____________________

(2) P(weiß ; weiß): ____________________

b) Wie groß ist die Wahrscheinlichkeit, bei diesem Spiel zu verlieren?

____

c) Es werden 400 Spiele durchgeführt. Mit welchem Gewinn kann die Klasse rechnen?

____

23 Angebote (Lösung Seite 74)

Frau Kurt kann für zwei Jahre einen Lottogewinn von 1 000 000,– € sparen. Drei Banken bieten ihr unterschiedliche Zinssätze an:

A 1. Jahr 1,2 %; 2. Jahr 1,7 % **B** 1. Jahr 0,9 %; 2. Jahr 2,0 % **C** 1. Jahr 1,4 %; 2. Jahr 1,5 %

a) Welche Bank kannst du empfehlen? Begründe.

____

____

b) Würdest du die gleiche Bank auch für jeden anderen Sparbetrag empfehlen? Begründe.

____

____

24 Brückenkonstruktion (Lösung Seite 75)

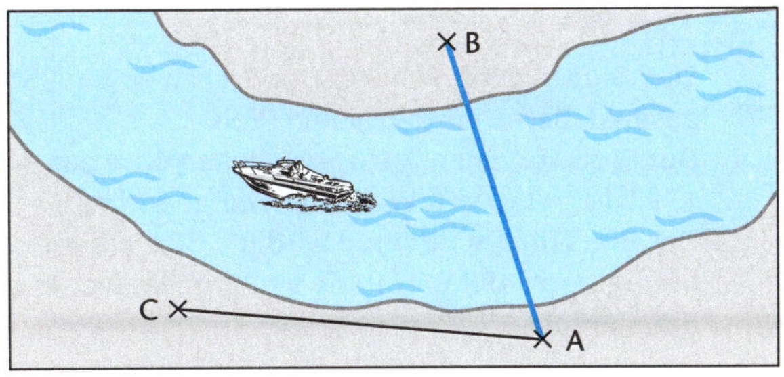

Über den Fluss soll eine Brücke führen, die in A beginnt und in B endet. Vermesser haben am unteren Flussufer eine 400 m lange Strecke $\overline{AC}$ abgesteckt und von dort folgende Winkel vermessen:
$\sphericalangle$ BAC = 67,8° und $\sphericalangle$ ACB = 49,3°
Bestimme die Länge der Brücke durch eine maßstäbliche Zeichnung und durch Berechnung auf einem extra Blatt.

---

25 Verdienst (Lösung Seite 76)

Herr Berger arbeitet als Verkäufer. Er kann sich in seiner Firma entscheiden, wie sein Verdienst berechnet wird:
Modell 1: 2500 € Grundgehalt plus 4 % Provision vom Umsatz;
Modell 2: kein Grundgehalt, aber dafür 10 % Provision vom Umsatz.

	A	B	C	D
1	Umsatz (in €)	4 % Provision (in €)	Verdienst Modell 1 (in €)	Verdienst Modell 2 (in €)
2	0	0	2500	0
3	10000	400	2900	1000
4	20000	800	3300	2000
5	50000	2000	4500	5000
6	100000	4000	6500	10000
7				

a) Lies aus der Tabelle ab, wie viel Herr Berger bei einem Umsatz von 20 000 € nach Modell 1 mehr verdienen würde als nach Modell 2? ______

b) Gib eine Formel für den Verdienst in Zelle D3 an. Formel: ______

c) Kreuze an, welche Formeln den Verdienst in Zelle C3 liefern.
☐ =B3+2500 ☐ =A3+B3 ☐ = A3*4/100 ☐ =A3*0,04+2500

d) Bei welchem Umsatz ist der Verdienst bei beiden Modellen gleich? ______

26 Riesentasse (Lösung Seite 77)

In Koblenz steht vor einem Café die rechts abgebildete Riesentasse.

a) Schätze folgende Größen: Tassenhöhe: ______

oberer/unterer Tassendurchmesser: ______ / ______

b) Jenny hat die folgenden drei Körper gezeichnet, um das Volumen der Riesentasse damit abzuschätzen. Welcher der drei Körper wird das beste Ergebnis liefern? Kreuze an und begründe deine Antwort.

☐ 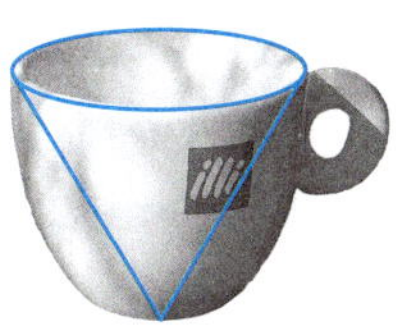 ☐ 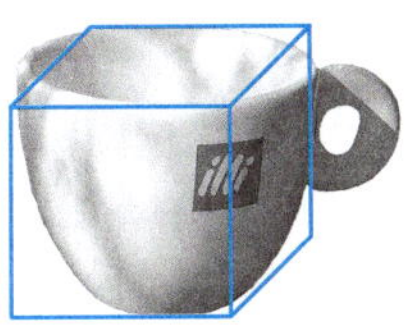 ☐ 

______

______

c) Wie teuer wäre ein Cappuccino in dieser Riesentasse, wenn 0,2 *l* Cappuccino in diesem Café 2,80 € kosten?

______

http://nale.fi/wggz

1 Preisänderungen (von S. 42)

a) Eine Bluse kostet 74,90 €. Der Preis wird um 35 % gesenkt. Berechne den neuen Preis.
b) Der Preis für einen Anzug wurde um 40 % auf 179,94 € reduziert. Wie teuer war er vorher?
c) Der Preis für ein Rennrad wird um 50 € erhöht und beträgt jetzt 499 €. Um wie viel Prozent wurde der Preis erhöht?

Zu a)

35 % von 74,90 € = 74,90 € · 0,35
≈ 26,22 €

74,90 € – 26,22 € = 48,68 €

oder

100 % – 35 % = 65 %

74,90 € · 0,65 ≈ 48,68 €

Der neue Preis der Bluse ist **48,68 €.**

Zu b)

179,94 € entsprechen 60 % des ursprünglichen Preises x.

$60\,\% \mathrel{\hat{=}} 179{,}94\,€$

$1\,\% \mathrel{\hat{=}} \frac{179{,}94\,€}{60}$

$100\,\% \mathrel{\hat{=}} \frac{179{,}94\,€ \cdot 100}{60} = 299{,}90\,€$

kürzer: x = 179,94 € : 0,6 = 299,90 €

Der Anzug kostete vorher **299,90 €.**

Zu c)

Gesucht ist zunächst der prozentuale Wachstumsfaktor q.

Alter Preis: 449 € (499 € – 50 €)
Neuer Preis: 499 €

449 € · q = 499 € | : 449 €
q = 499 € : 449 €
q = 1,1114

Zu diesem Wachstumsfaktor q gehört der Prozentsatz (gerundet) p % ≈ 11,14 %

oder

Wie viel Prozent sind 50 € von 449 €?

$p\,\% = \frac{50\,€}{449\,€} \approx 0{,}1114 = 11{,}14\,\%$

Der Preis wurde um rund **11,14 %** erhöht.

1 Svenja und Silke sind begeisterte Kart-Fahrerinnen.
Svenja legt 12 Runden zurück, das sind nur 80 % der Anzahl von Runden, die Silke in derselben Zeit geschafft hat.
Wie viele Runden hat Silke geschafft?

2 Ein Reisebüro wirbt für eine 14-tägige Mittelmeer-Kreuzfahrt im September. Der Normalpreis pro Person in einer Außenkabine im B-Deck beträgt 1 990 €. Bei Buchung bis Ende März kostet die Kreuzfahrt in derselben Kategorie nur 1 293,50 €.
Wie viel Prozent gegenüber dem Normalpreis spart man bei Buchung bis Ende März?

3 Gegenüber dem Vorjahr ist ein Auto 8 % billiger geworden. Es kostet jetzt 22 264 €.
Wie teuer war das Auto im Vorjahr?

4 In einer Kleinstadt sind wöchentlich 840 Hausmülltonnen zu leeren.
Jede dieser Hausmülltonnen ist erfahrungsgemäß mit durchschnittlich 18 kg Abfall gefüllt.

Durch ein Neubaugebiet hat sich Anfang 2017 die Zahl der Tonnen um 15 % erhöht, zugleich ist auch die durchschnittliche Abfallmenge pro Tonne um 5 % gewachsen.
Wie viel Abfall aus Hausmülltonnen mussten die Stadtreinigungswerke der Kleinstadt 2017 insgesamt abtransportieren?

5 Zum Schuljahresbeginn 2015/2016 nahm eine neue Schule ihren Betrieb mit wenigen Schülerinnen und Schülern auf. 2016/2017 waren es schon 50 % mehr, zum Schuljahresbeginn 2017/2018 noch einmal 40 % mehr, nämlich 189.
Mit wie vielen Schülerinnen und Schülern nahm die Schule den Betrieb auf?

1 Dieser Turm aus Holz steht als Modell vor dem Eingang zu einer Ausstellung.

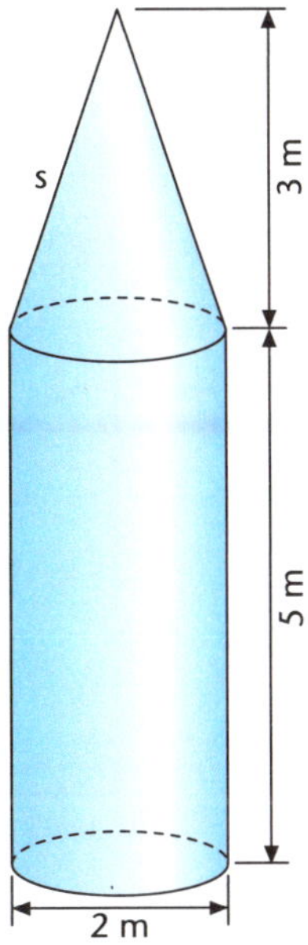

a) Ein Kubikmeter Holz wiegt 0,76 t. Wie schwer ist das Modell insgesamt? Runde auf zehntel Tonne.

b) Das Modell soll einen Schutzanstrich erhalten, damit es vor der Witterung geschützt ist. Pro Quadratmeter wird ein halber Liter Farbe gebraucht. Wie viele Liter Farbe werden insgesamt benötigt?

Hinweis: Berechne zunächst s.

2 In den abgebildeten Holzzylinder wird ein 5 cm tiefes Loch mit dem Radius 2 cm gebohrt. 1 cm^3 Holz wiegt 0,76 g. Berechne die Masse des Werkstücks.

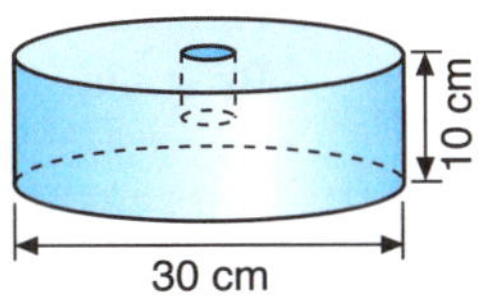

3 Die Skizze zeigt ein Werkstück aus Aluminium. Es besteht aus einer quadratischen Pyramide mit einer kegelförmigen Aushöhlung. Der Winkel zwischen den Seitenflächen und der Grundfläche beträgt 67°. Die Höhe des Kegels beträgt die Hälfte der Höhe der Pyramide.

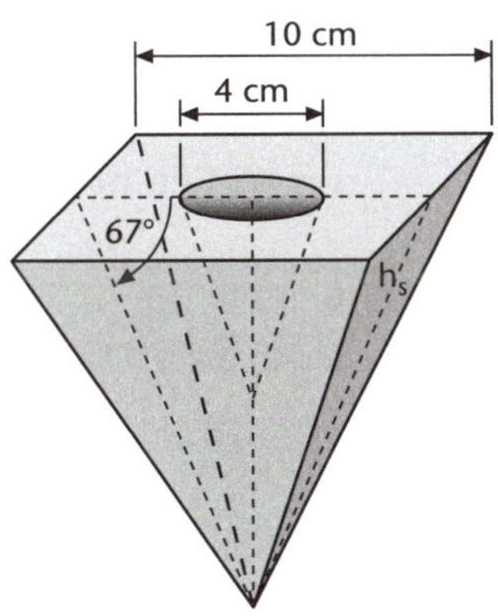

a) Wie groß ist die Körperhöhe der Pyramide?

b) Wie groß ist das Volumen des Werkstücks?

c) Ein Kubikzentimeter Aluminium wiegt 2,7 g. Berechne die Masse des Werkstücks in kg.

2 Werkstück (von S. 42)

Das abgebildete Werkstück ist ein Quader, aus dem oben eine Halbkugel mit dem Radius 5 cm gefräst wurde (Maße in cm). Das Werkstück besteht aus Stahl mit der Dichte 7,9 $\frac{g}{cm^3}$.

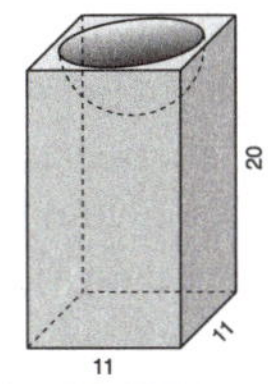

a) Berechne die Masse m des Werkstücks.
b) Berechne auch den Oberflächeninhalt.

http://nale.fi/kopw

Zu a)
Volumen Werkstück =
Volumen Quader – Volumen Halbkugel
Das Volumen des Quaders beträgt:
$V_Q = 11\text{ cm} \cdot 11\text{ cm} \cdot 20\text{ cm} = 2\,420\text{ cm}^3$
Das Volumen der Kugel beträgt:
$V_K = \frac{4}{3} \cdot \pi \cdot (5\text{ cm})^3 = \frac{4}{3} \cdot \pi \cdot 125\text{ cm}^3 \approx 523{,}6\text{ cm}^3$
Das Volumen der Halbkugel beträgt dann
$V_{HK} = 523{,}6\text{ cm}^3 : 2 = 261{,}8\text{ cm}^3$
Das Volumen des Werkstücks beträgt dann
$V_Q - \frac{1}{2} V_{HK} = 2\,420\text{ cm}^3 - 261{,}8\text{ cm}^3 = 2\,158{,}2\text{ cm}^3$

Da jeder Kubikzentimeter Stahl 7,9 g wiegt, ergibt sich die **Masse m** des Werkstücks aus:
$m = 7{,}9\,\frac{g}{cm^3} \cdot 2\,158{,}2\text{ cm}^3 = 17\,049{,}78\text{ g} \approx$ **17 kg**

Zu b)

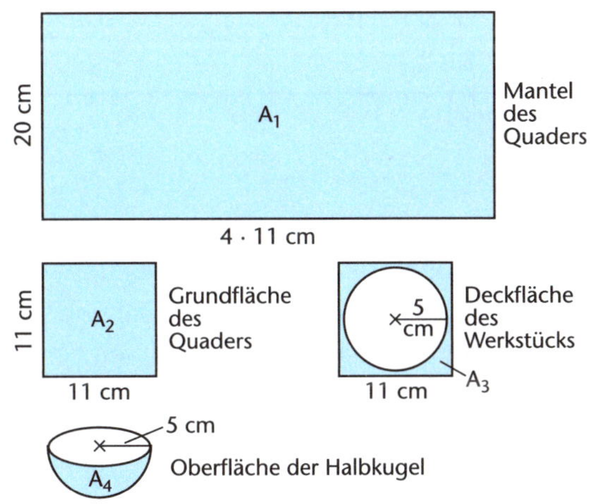

$A_1 = 20\text{ cm} \cdot 44\text{ cm} = 880\text{ cm}^2$
$A_2 = (11\text{ cm})^2 = 121\text{ cm}^2$
$A_3 = 121\text{ cm}^2 - \pi \cdot (5\text{ cm})^2 \approx 42{,}5\text{ cm}^2$
$A_4 = \frac{1}{2} \cdot 4 \cdot \pi \cdot r^2 = 2\pi \cdot (5\text{ cm})^2 \approx 157{,}1\text{ cm}^2$

$O = A_1 + A_2 + A_3 + A_4$
$O = 880\text{ cm}^2 + 121\text{ cm}^2 + 42{,}5\text{ cm}^2 + 157{,}1\text{ cm}^2$
$O = 1200{,}6\text{ cm}^2$

Der **Oberflächeninhalt ist ca. 1200,6 cm²** groß.

http://nale.fi/axtv

3 Straßenbahnfahrplan (von S. 42)

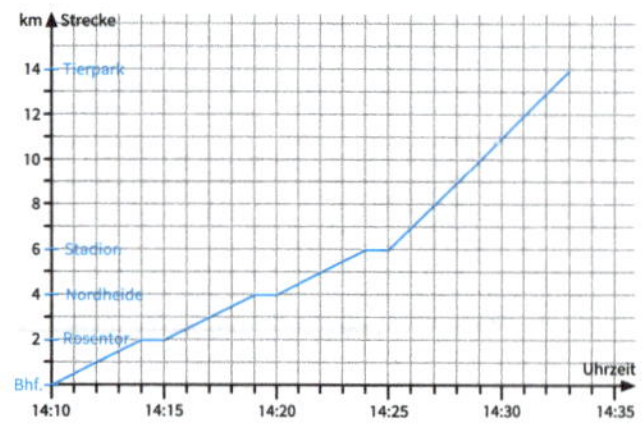

Der grafische Fahrplan gibt Auskunft über die Fahrt einer Straßenbahn vom Bahnhof (Bhf.) bis zum Tierpark mit den Zwischenhalten Rosentor, Nordheide und Stadion.

a) Gib die Entfernung zwischen den Haltestellen Bahnhof und Tierpark an.

b) Bestimme mithilfe der Grafik die Durchschnittsgeschwindigkeiten zwischen den Haltestellen.

c) Vervollständige mithilfe der Grafik den Fahrplan mit Ankunfts- und Abfahrtzeiten.

Zu a)

Die Entfernung zwischen den Haltestellen Bahnhof und Tierpark lässt sich aus dem Weg-Zeit-Diagramm ablesen. Sie **beträgt 14 km.**

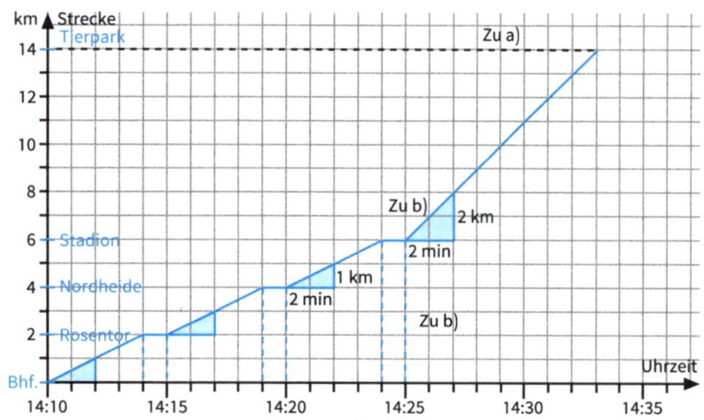

Zu b)

Je schneller die Straßenbahn fährt, desto steiler steigt der Graph an. Drei der vier Steigungsdreiecke sind kongruent, d. h., vom Bahnhof bis Stadion fährt die Straßenbahn zwischen den Haltestellen mit gleicher Durchschnittsgeschwindigkeit ($\frac{1\,\text{km}}{2\,\text{min}}$, also 30 $\frac{\text{km}}{\text{h}}$). Vom Stadion bis zum Tierpark fährt sie schneller ($\frac{2\,\text{km}}{2\,\text{min}}$, also 60 $\frac{\text{km}}{\text{h}}$).

Zu c)

		Uhrzeit
Bahnhof	ab	14:10
Rosentor	an	14:14
	ab	14:15
Nordheide	an	14:19
	ab	14:20
Stadion	an	14:24
	ab	14:25
Tierpark	an	14:33

1 Die Klasse 10a veranstaltet um 20:00 Uhr eine Party im Jugendheim. Ina und Paul machen sich mit dem Fahrrad auf den Weg.

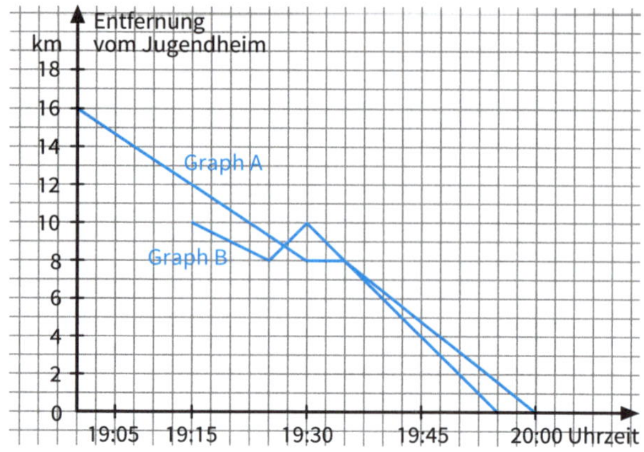

a) Ina startet 19:00 Uhr. Graph A beschreibt ihre Fahrt. Beurteile anhand dieser Darstellung, ob die Aussagen zutreffen können.

Nach einer Viertelstunde hat Ina bereits 5 km zurückgelegt.	☐ Ja	☐ Nein
Nach 30 Minuten legt Ina eine Rast ein.	☐ Ja	☐ Nein
Anfangs fährt Ina durchschnittlich 8 $\frac{\text{km}}{\text{h}}$.	☐ Ja	☐ Nein

b) 15 Minuten nach Ina beginnt Paul seine Fahrt. Diese ist in Graph B dargestellt. Beschreibe, wie sie verlaufen sein könnte.

c) Mit welcher konstanten Geschwindigkeit hätte Paul die gesamte Strecke fahren müssen, um 15 Minuten vor Ina anzukommen?

2 Eine 8 km lange Wanderung führt die Klasse 10b auf das Nebelhorn.

Die ersten Kilometer geht es nur leicht bergauf, und die Gruppe kommt gut voran. Dann fordert ein Klettersteig (K) die Kondition aller heraus. Gut, dass am Ende des Steigs eine Hütte (H) zur Rast einlädt. Von hier aus führt ein fast ebener Weg zum Gipfelkreuz (G).

Skizziere in einem Koordinatensystem einen zu der Beschreibung passenden Graphen für die Zuordnung *Zeit t* → *Weg s*.
Trage K, H und G am Graphen ein.

1 Die Grafik zeigt die Entwicklung der Aktie der Firma UV in den Monaten Januar bis Juni.

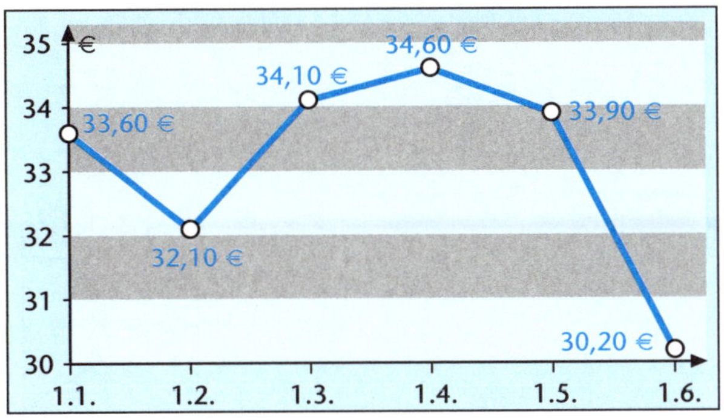

a) Um wie viel Prozent hat die Aktie der Firma UV vom 1.5. bis 1.6. verloren?

b) Im letzen Jahr hatte die Aktie der Firma durchschnittlich einen Wert von 33,65 €. Hat sie diesen Durchschnittswert auch in den dargestellten sechs Monaten erreicht?

c) Die Grafik vermittelt den Eindruck, als sei die Aktie der Firma UV vom 1.5. bis 1.6. so abgestürzt, dass sie fast nichts mehr wert ist. Wodurch entsteht dieser Eindruck?

d) Zeichne ein Säulendiagramm, das die Entwicklung des Aktienkurses vom 1.1. bis 1.6. realistisch darstellt.

2 Die Klasse 10a führte eine Befragung zur Computernutzung in zwei 7. Klassen durch.

	7a	davon befragt	7b	davon befragt
Mädchen	14	11	16	14
Jungen	16	13	16	12

a) Wie viel % der Mädchen und Jungen aus der Klasse 7a haben an der Umfrage teilgenommen?

b) Stelle für die Klasse 7b in einem Kreisdiagramm die Anteile der Jungen und Mädchen in der Klasse und die jeweiligen Anteile der Mädchen und Jungen, die befragt wurden, dar.

c) Von den Befragten nutzten den Computer 45 % für Emails, 84 % zum Chatten, 72 % zum Spielen und 38 % für Internetrecherchen. Ist es sinnvoller, die Umfrageergebnisse in einem Kreisdiagramm oder in einem Säulendiagramm darzustellen? Begründe deine Antwort.

4 Fahrradurlaub (von S. 43)

Die Grafik (siehe S. 43) zeigt, wie sich der Verbrauch eines Autos ändert, wenn man einen Dach- oder Heckträger (mit Fahrrädern) montiert.

a) Lennard behauptet, dass bei 80 $\frac{km}{h}$ der Verbrauch eines Autos mit zwei Fahrrädern auf dem Dachträger ungefähr doppelt so hoch ist wie bei einem Auto ohne Aufbau. Nimm Stellung zu dieser Aussage.

b) Herr Tropper fährt immer mit einem Dachträger. Diesmal hat er aber darauf noch zwei Fahrräder montiert. Um wie viel Prozent steigt dadurch der Verbrauch bei 120 $\frac{km}{h}$?

c) Herr und Frau Tropper überlegen, ob sie auf dem Dachträger des Autos ihre beiden Fahrräder in den Urlaub nach Schweden mitnehmen. Herr Tropper fährt im Schnitt 100 $\frac{km}{h}$. Erstelle einen Graphen, der den Gesamtverbrauch für beide Varianten (mit und ohne Fahrräder) in Abhängigkeit von der zurückgelegten Strecke beschreibt.
Benutze dafür das rechts abgebildete Koordinatensystem.

Zu a)
Lennards **Aussage ist falsch.**
Man muss beachten, dass die y-Achse nicht bei 0 beginnt. Entsprechend muss man die Werte von 4 Liter bzw. 5 Liter pro 100 km vergleichen.

Zu b)
Bei 120 $\frac{km}{h}$ lesen wir ab:
Der Verbrauch mit leerem Dachgepäckträger liegt bei ca. 5,6 Liter pro 100 km, mit zwei Fahrrädern auf dem Dach bei ca. 7,1 Liter pro 100 km. Mit dem Dreisatz kann man nun den prozentualen Anstieg bestimmen:
5,6 Liter ≙ 100 %
1,0 Liter ≙ 17,86 % (≈ 100 % : 5,6)
7,1 Liter ≙ 126,8 % (≈ 17,86 % · 7,1)
Also steigt der Verbauch um **ungefähr 27 %.**

Zu c)

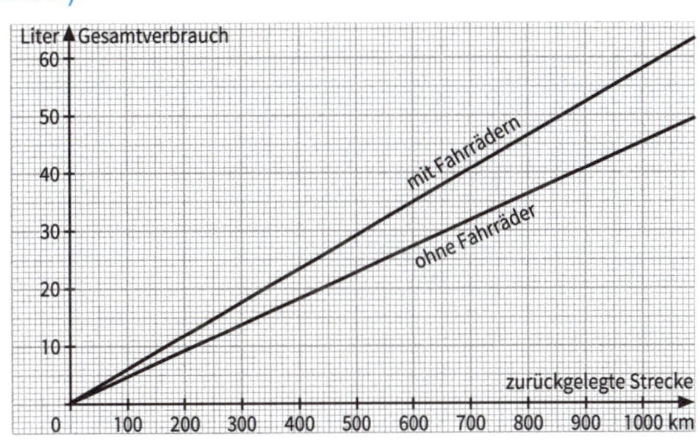

http://nale.fi/xbbn

5 Herzogstandbahn (von S. 43)

Der Kartenausschnitt zeigt ein Wandergebiet in der Nähe von München. Anhand der Höhenlinien kann man erkennen, wie steil das Gelände ist. Eine Höhenlinie verbindet jeweils Punkte der Erdoberfläche, die auf gleicher Höhe über dem Meeresspiegel (ü. M.) liegen. Wer sich den anstrengenden Aufstieg auf den Fahrenberg sparen will, benutzt den Sessellift. Die Herzogstandbahn bringt in nur 4 Minuten ihre Gäste von der Talstation am Walchensee auf den Fahrenberg.
Wie lang ist die Strecke, die eine Kabine bei ihrer Fahrt auf den Berg zurücklegt?

Die Länge der gesuchten Strecke ermittelt man mithilfe des Satzes des Pythagoras.

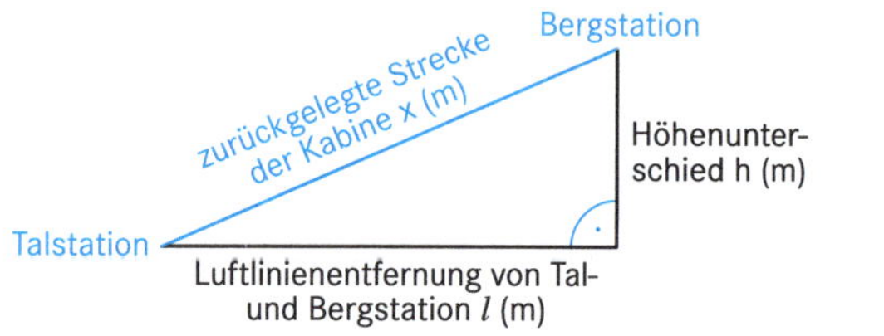

Zunächst bestimmen wir den Höhenunterschied zwischen Tal- und Bergstation.
An den Höhenlinien lesen wir ab:
Talstation 830 m ü. M.
Bergstation 1580 m ü. M.
Der Höhenunterschied h beträgt also 750 m.

Die Luftlinienentfernung (Entfernung über Grund) l zwischen Tal- und Bergstation bestimmt man in zwei Schritten:
(1) Entfernung der beiden Orte in der abgebildeten Karte messen.
(2) Kartenmaßstab nutzen.

Zu (1) Der Abstand zwischen Tal- und Bergstation in der Karte beträgt 5 cm.
Zu (2) Der Maßstab 1 : 20 000 bedeutet:
1 cm auf einer Karte entsprechen 20 000 cm in der Wirklichkeit. Man muss die gemessene Strecke also mit 20 000 multiplizieren:
$5\text{ cm} \cdot 20\,000 = 100\,000\text{ cm}$.
Die Entfernung l zwischen den beiden Orten beträgt in der Realität also etwa 1000 m.
Jetzt lässt sich die gesuchte Strecke x mit dem Satz des Pythagoras ermitteln:
$x^2 = h^2 + l^2$
$= (750\text{ m})^2 + (1000\text{ m})^2 = 1\,562\,500\text{ m}^2$
$x \approx 1250\text{ m}$
Die Kabine legt also eine Strecke von ungefähr **1250 m** zurück.

1 Bestimme die Länge der blau eingetragenen Strecke im Dreieck. Runde auf mm.

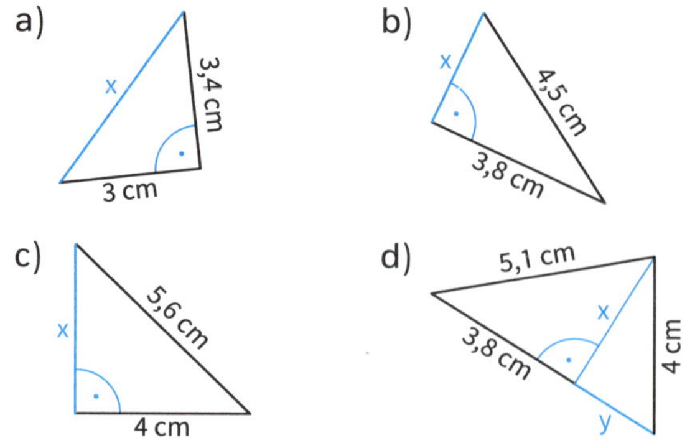

2 Das sogenannte „Haus des Nikolaus“ ist ein bekanntes Zeichenspiel und Rätsel. Man löst es, wenn man es schafft, das Haus in einem Zug zu zeichnen und dabei keine Strecke zweimal zu durchlaufen.

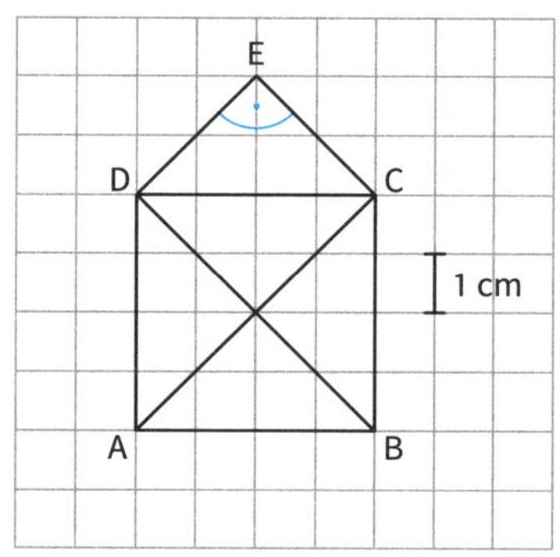

Bestimme rechnerisch die Länge des gesamten Streckenzuges. Runde das Ergebnis auf mm.

3 Bei Skisprungwettbewerben werden häufig Seilkameras eingesetzt. Sie liefern Aufnahmen der Skispringer aus der Vogelperspektive und übertragen diese an verschiedene Fernsehsender. In der Skizze ist eine Seilkamera an einem Trageseil befestigt, das zwischen zwei 12 m hohen Stahlpfosten über die Sportstätte gespannt ist.
Wie lang ist das Trageseil?

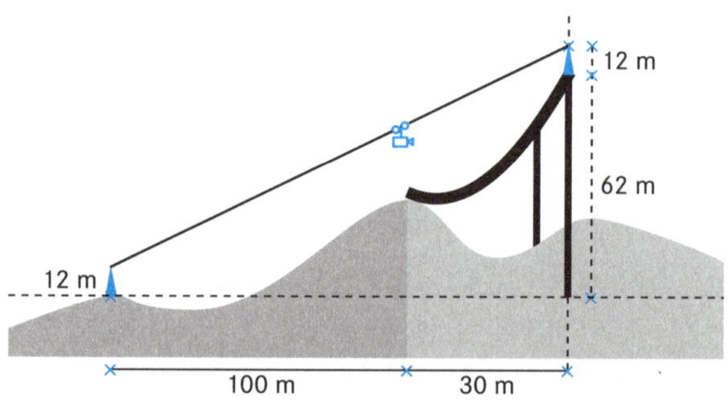

1 Vier Konservendosen werden von einem Plastikband umfasst. Jede Dose hat einen Radius von 5 cm.
Berechne die Länge des Plastikbandes.

2 Sechs Konservendosen werden wie in der Abbildung gezeigt von einem Plastikband umfasst. Jede Dose hat einen Radius von 6 cm. Berechne die Bandlänge.

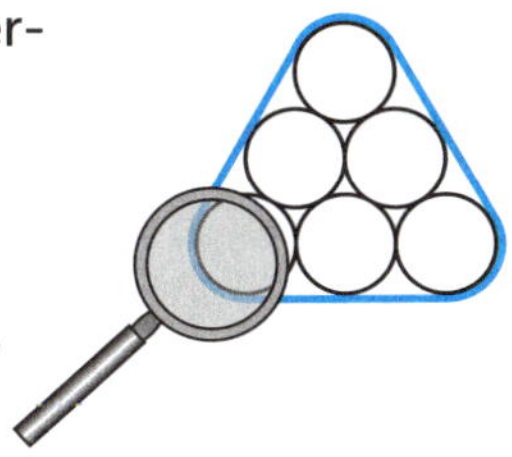

Hinweis: Das Lupenbild hilft dir bei der Lösung der Aufgabe. Überlege dazu, wie groß der Winkel α und demzufolge der Winkel β ist.

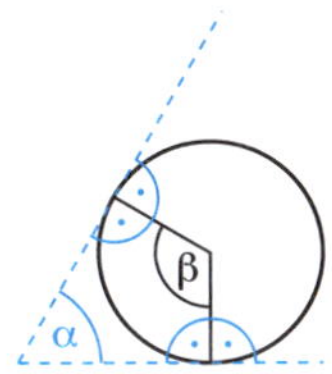

3 Der Kreis hat einen Radius von $r = 8$ cm.

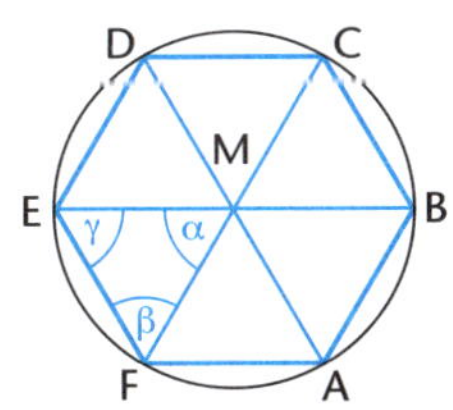

a) Berechne im Dreieck FME die Größe der Winkel.

b) Berechne den Umfang des regelmäßigen Sechsecks ABCDEF.

c) Um wie viel Prozent ist der Umfang des Kreises größer als der Umfang des regelmäßigen Sechsecks?

d) Welche Höhe hat das Trapez BCDE? Ermittle diese Höhe mit einer Zeichnung und berechne anschließend den Flächeninhalt des Trapezes.

e) Wie vergrößert sich der Flächeninhalt des Sechsecks, wenn der Radius des Umkreises verdoppelt wird? Wie vergrößert sich gleichzeitig der Umfang des Sechsecks?

4 Aus einer quadratischen Sperrholzplatte mit einer Fläche von $0{,}25\ m^2$ wird der größtmögliche Kreis ausgeschnitten.

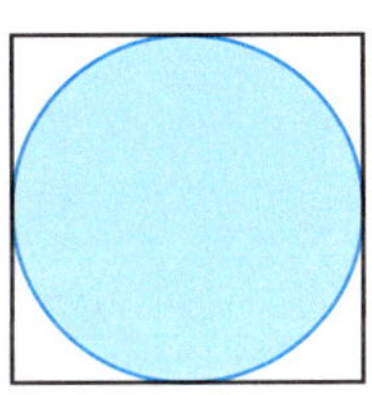

a) Berechne Flächeninhalt und Umfang des Kreises.

b) Wie viel Prozent der ursprünglichen Platte sind Abfall?

6 Konservendosen (von S. 44)

Sechs Konservendosen werden von einem Plastikband umfasst. Jede Dose hat einen Radius von 4 cm.

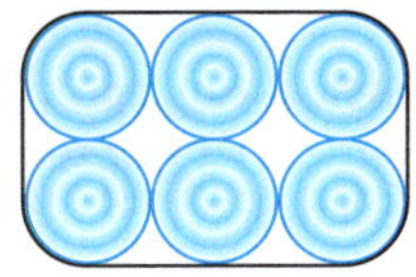

a) Berechne die Länge des Plastikbandes.
b) Reicht für Dosen mit doppeltem Radius ein doppelt so langes Plastikband? Begründe deine Antwort.

http://nale.fi/kbxh

Zu a)
Zur Berechnung der Länge des Bandes unterteilt man es in gerade und gekrümmte Stücke.

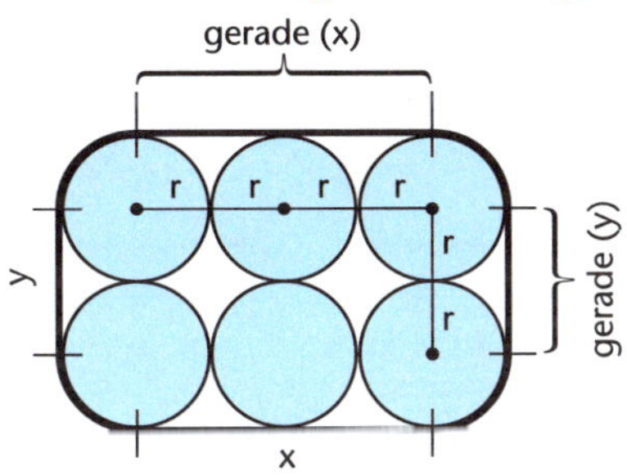

$x = 4 \cdot \text{Radius}$ $\quad y = 2 \cdot \text{Radius}$
$x = 4 \cdot 4\ \text{cm}$ $\quad y = 2 \cdot 4\ \text{cm}$
$x = 16\ \text{cm}$ $\quad y = 8\ \text{cm}$

Die vier gekrümmten Stücke entsprechen jeweils dem Viertelkreis, bilden zusammen also einen ganzen Kreis, dessen Umfang zu berechnen ist.

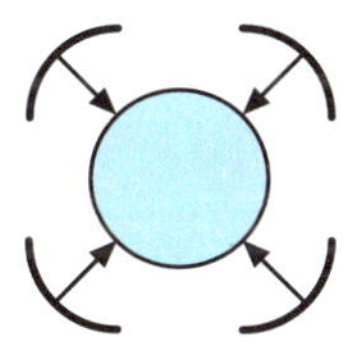

$u = 2\pi r$
$u = 2 \cdot \pi \cdot 4\ \text{cm}$
$u \approx 25{,}1\ \text{cm}$

Die Gesamtlänge des Bandes berechnet sich so:
$l = 2x + 2y + u$ | x und y durch r ausdrücken
$l = 2 \cdot 4r + 2 \cdot 2r + 2\pi r$
$l \approx 8r + 4r + 2\pi r$
$\mathbf{l \approx 73{,}1\ cm}$

Zu b)
Gesamtlänge l_1 des Bandes mit Radius r:
$l_1 = 2x + 2y + u$ | x und y durch r ausdrücken
$l_1 = 2 \cdot 4r + 2 \cdot 2r + 2\pi r$
$l_1 = 8r + 4r + 2\pi r$
$l_1 = 12r + 2\pi r$
$l_1 = r\,(12 + 2\pi)$

Gesamtlänge l_2 mit doppeltem Radius:
$l_2 = 2r\,(12 + 2\pi)$

Ein doppelt so langes Band reicht also.

http://nale.fi/aoob

7 Gläser (von S. 44)

Ein Likörglas und ein Rotweinglas werden mit Wasser gefüllt.

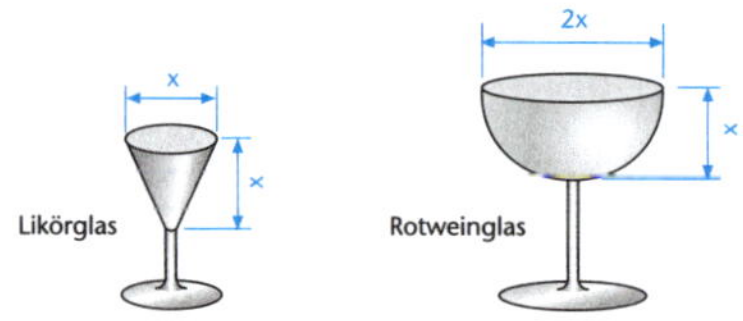

a) Wie viele vollständig gefüllte Likörgläser werden benötigt, um das Rotweinglas bis zum Rand zu füllen?

b) Welcher der abgebildeten Graphen zeigt am besten, wie sich die *Höhe h* des Flüssigkeitsspiegels beim gleichmäßigen Befüllen des **Rotweinglases** in Abhängigkeit von der *Zeit t* ändert? Kreuze an.

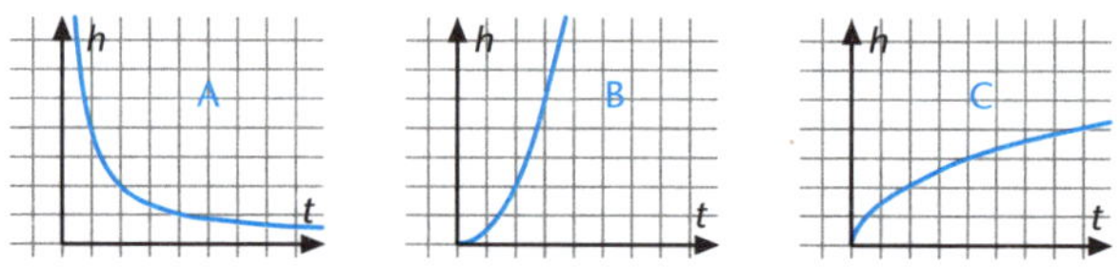

Zu a)

Zunächst muss das Volumen jedes Glases mit einem Term beschrieben werden.

- Der Kelch des Likörglases hat die Form eines auf die Spitze gestellten Kegels mit $r = \frac{1}{2}x$ und $h = x$. Also:
  $V_{Likörglas} = \frac{1}{3} \cdot \pi \cdot (\frac{1}{2}x)^2 \cdot x = \frac{1}{3} \cdot \pi \cdot \frac{1}{4}x^2 \cdot x$
  $= \frac{1}{12}\pi \cdot x^3$
- Der Kelch des Rotweinglases hat die Form einer Halbkugel mit $r = x$. Also:
  $V_{Rotweinglas} = \frac{1}{2} \cdot \frac{4}{3} \cdot \pi \cdot x^3 = \frac{2}{3} \cdot \pi \cdot x^3$
  Aus $(\frac{1}{12}\pi \cdot x^3) \cdot \mathbf{8} = \frac{2}{3} \cdot \pi \cdot x^3$ folgt: **8** randvolle Likörgläser füllen das Rotweinglas.

Zu b)

Je höher ein Punkt des Graphen liegt, desto voller ist das Gefäß.

A: Zu Beginn nimmt die Füllhöhe für eine kurze Zeit rapide, später immer langsamer ab.

B: Die Füllhöhe steigt zu Beginn ein wenig, später immer stärker an.

C: Der Flüssigkeitsspiegel steigt für kurze Zeit rasch, später immer weniger stark an.

Da das Rotweinglas nach oben zunehmend breiter wird und in gleicher Zeit stets die gleiche Flüssigkeitsmenge in das Glas fließt, steigt die Füllhöhe immer langsamer an.
Deshalb: **Richtig ist der Graph C.**

1 Ein quaderförmiger Behälter besitzt die in der Zeichnung angegebenen Innenmaße. Er wird langsam mit einer Flüssigkeit gefüllt. Pro Minute fließen 150 cm^3 in den Behälter.

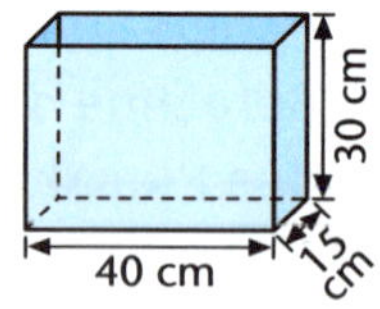

a) Welches Volumen hat der Behälter?

b) Nach wie vielen Minuten ist der Behälter voll?

c) Skizziere den Graphen der Funktion f: *Zeit x (in min) → Füllhöhe y (in cm).*

d) Wie lautet die zu f gehörende Funktionsgleichung?

2 Auch der folgende Behälter wird langsam mit einer Flüssigkeit gefüllt.

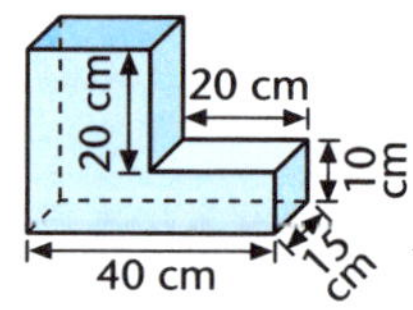

Es sollen in jeder Minute 150 cm^3 in den Behälter fließen.

a) Nach wie vielen Minuten ist jetzt der Behälter bis zum Rand gefüllt?

b) Skizziere den Graphen dieses Füllvorgangs im Koordinatensystem.

3 Verschiedene Gefäße werden gleichmäßig mit Wasser gefüllt.

a) Ordne jedem Gefäß den Graphen zu, der dessen Füllvorgang am besten darstellt.

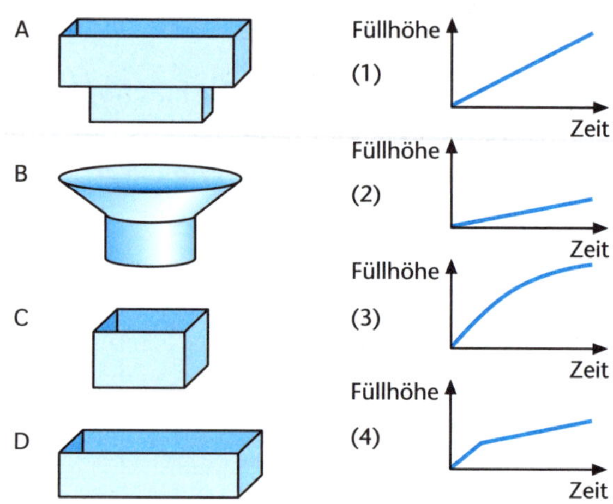

b) Skizziere ein Gefäß, dessen Füllvorgang zu diesem Graphen passt.

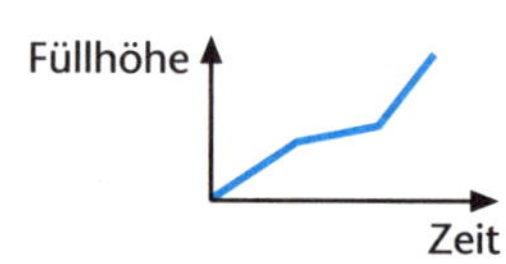

1 Nur zwei Angaben geben den Anteil der hellen Spielsteine auf dem Bild richtig wieder. Ordne zu.

20 %, ein Drittel, jeder vierte, 40 %, 25 %, jeder fünfte

2 Zwei Ausdrücke beschreiben denselben Anteil. Ordne die Zahlen den Buchstaben zu.

(1)	jeder zweite
(2)	fast die Hälfte
(3)	10 %
(4)	niemand
(5)	100 %

(A)	ein Zehntel
(B)	0 %
(C)	alle
(D)	50 %
(E)	49 %

3 Diese Schulnachrichten enthalten Fehler. Zeige rechnerisch, welche mathematische Aussage nicht mit dem Text übereinstimmt und korrigiere den Fehler.

(A) Jeder vierte Junge (4 %) der Klassenstufe 10 ist aktives Mitglied eines Sportvereins.

(B) Ein Zwanzigstel aller Schüler erhielten bei den Bundesjugendspielen eine Siegerurkunde. Letztes Jahr waren es sogar 5 %.

(C) Ein Fünftel aller Siebtklässler kommt mit dem Bus zur Schule. Unter den Achtklässlern sind es mit 25 % deutlich weniger.

4 Aus dem Mitteilungsblatt des FC Dribbel:

In der vorletzten Saison gewann unsere 1. C-Jugend-Mannschaft jedes dritte Spiel. Die letzte Saison verlief deutlich besser. Nach jedem sechsten Spiel verließ unsere Mannschaft als Sieger den Platz. Der Vereinsvorsitzende äußerte daher stolz: „Dies ist eine Steigerung um 50 %."

Was sagst du dazu?

5

Fuhr vor einigen Jahren noch jeder zehnte Autofahrer zu schnell, so ist es heute ‚nur noch' jeder fünfte. Doch auch fünf Prozent sind zu viele, und so wird weiterhin kontrolliert, und die Schnellfahrer haben zu zahlen.

Die Meldung ist fehlerhaft. Begründe.

8 Agenturmeldung (von S. 44)

Vor allem in Thüringen und Sachsen hängt oder liegt die *weiße Bluse* bei fast jeder neunten Frau (87,4 Prozent) im Schrank, ergab jetzt eine Umfrage.

Die nebenstehende Pressemeldung ist fehlerhaft. Begründe.

http://nale.fi/nbhg

Die Meldung ist fehlerhaft, denn „jede neunte Frau" bedeutet:

Bei einer von neun Frauen hängt eine weiße Bluse im Schrank.

1 von 9 $= \frac{1}{9} \approx 0{,}11 = \frac{11}{100} = 11\,\%$

Unter 100 Frauen sind dann etwa elf Frauen zu finden, bei denen eine weiße Bluse im Schrank hängt.

Laut Agenturmeldung ist die weiße Bluse als Kleidungsstück sehr beliebt, nämlich bei 87,4 % der Frauen, d. h. unter 100 Frauen gibt es etwa 87, unter zehn Frauen sind etwa neun zu finden, bei denen eine weiße Bluse im Schrank hängt.

Richtig müsste die Meldung also lauten:
„Vor allem in Thüringen und Sachsen hängt oder liegt die weiße Bluse bei **etwa neun von zehn Frauen (87,4 Prozent)** im Schrank, ergab jetzt eine Umfrage."

Weitere Möglichkeit:
Da $87{,}4\,\% \approx 88\,\% \approx \frac{8}{9}$ gilt, hätte man auch schreiben können:
„Vor allem in Thüringen und Sachsen hängt oder liegt die weiße Bluse **bei etwa acht von neun Frauen (87,4 Prozent)** im Schrank, ergab jetzt eine Umfrage."

http://nale.fi/cgbw

9 Kugelstoßen (von S. 45)

Hier siehst du den ersten Teil der Flugbahn einer gestoßenen Kugel (Maße in m).

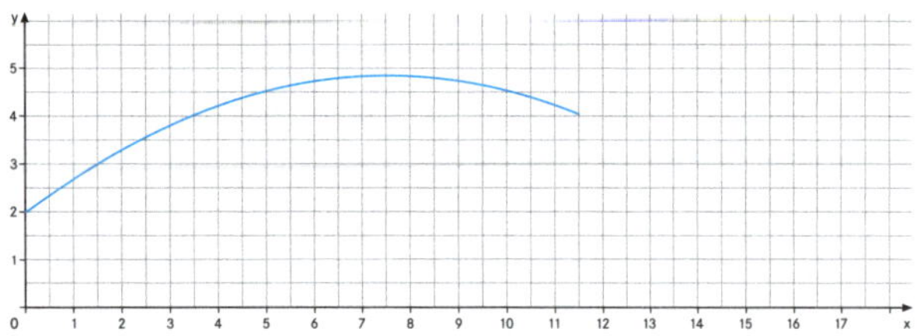

Die Flugbahn kann näherungsweise mit der Funktionsgleichung $f(x) = -0{,}05x^2 + 0{,}75x + 2$ beschrieben werden.

a) Lies am Graphen ab, aus welcher Höhe die Kugel abgestoßen wurde.

b) Berechne, welche maximale Höhe die Kugel erreicht. Kontrolliere dein Ergebnis am Graphen.

c) Berechne die Kugelstoßweite und vervollständige die Flugbahn.

Zu a)

Die Kugel wird aus **2 m Höhe** abgestoßen (Punkt auf der y-Achse).

Zu b)

Die Funktionsgleichung wird auf die Scheitelpunktform gebracht (quadratische Ergänzung).

$f(x) = -0{,}05 \cdot (x^2 - 15x - 40)$

$f(x) = -0{,}05 \cdot (x^2 - 15x + 7{,}5^2 - 7{,}5^2 - 40)$

$f(x) = -0{,}05 \cdot ((x - 7{,}5)^2 - 96{,}25)$

$f(x) = -0{,}05 \cdot (x - 7{,}5)^2 + 4{,}8125$

Die Kugel erreicht eine **Höhe von rund 4,81 m.**

Das passt zu dem y-Wert, den man am Graphen an der Stelle $x = 7{,}5$ abliest.

Zu c)

Wenn die Kugel am Boden aufprallt, ist die Flughöhe $f(x) = 0$.

$-0{,}05x^2 + 0{,}75x + 2 = 0 \quad | : (-0{,}05)$

$x^2 - 15x - 40 = 0 \quad |$ p-q-Formel

$x_{1/2} = 7{,}5 \pm \sqrt{7{,}5^2 + 40}$

$x_{1/2} = 7{,}5 \pm \sqrt{96{,}25}$

$x_1 \approx 17{,}31 \qquad (x_2 \approx -2{,}31)$

Die Kugel wird **17,31 m** weit gestoßen.

Das ist die **vollständige Flugbahn:**

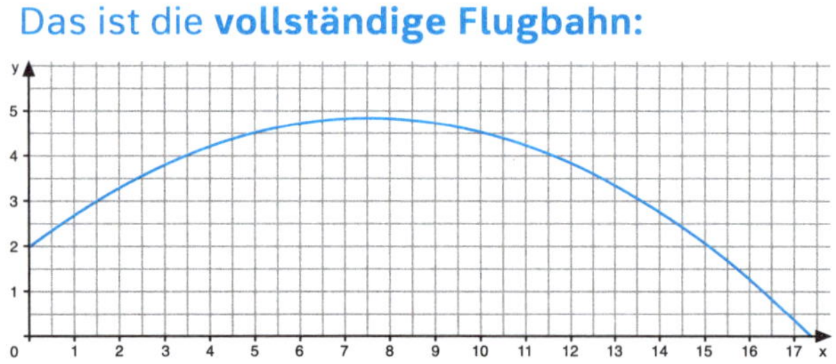

1 Ein Brückenbogen hat die Form einer Parabel mit der Gleichung $f(x) = y = -0{,}04x^2 + 38$

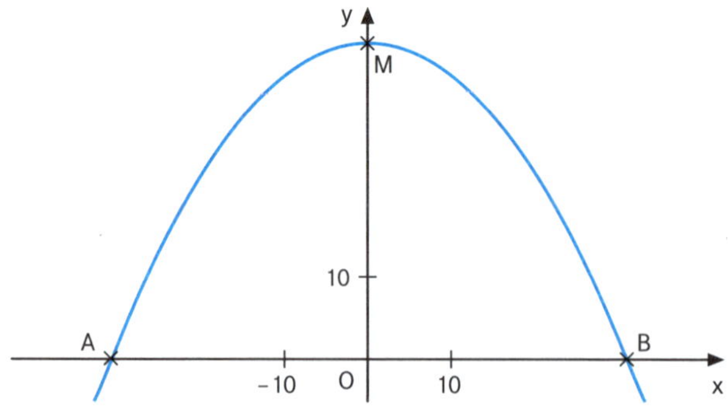

a) Wie lang ist die Strecke $\overline{OM}$?

b) Wie lang ist die Strecke $\overline{AB}$?

2 Die Zeichnung zeigt schematisch den Ablauf eines Weitsprungs. Das Gesäß des Springers bewegt sich etwa auf einer Parabel mit der Gleichung $y = -0{,}08x^2 + 0{,}4x + 0{,}7$.

Wie weit vom Absprung entfernt setzt der Springer im Sand auf?

3 Elke versucht einen Korbwurf. Trifft sie? Begründe.

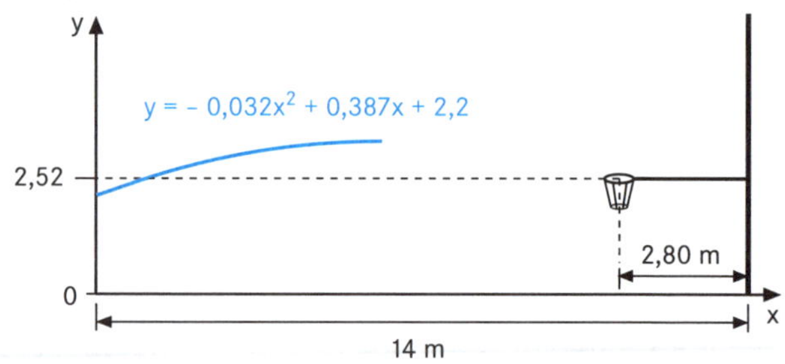

4 Das ist die Flugbahn eines Golfballes. Sie ist eine Parabel der Form $y = ax^2 + bx + c$.

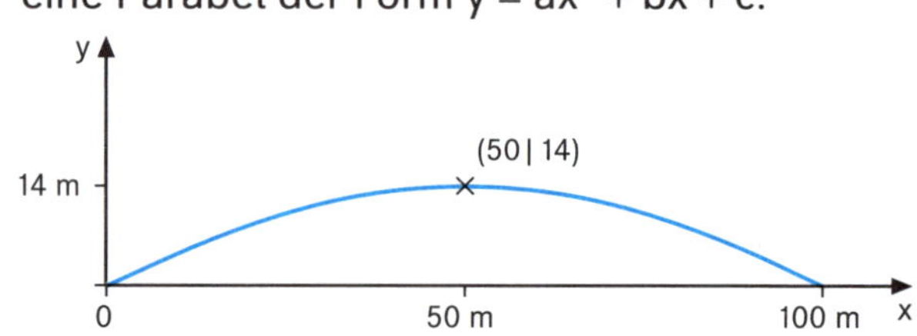

a) Bestimme den Wert von c.

b) Berechne a und b mithilfe der Punkte (50 | 14) und (100 | 0).
Schreibe dann die Funktionsgleichung auf.

1 Abgebildet ist ein gleichschenkliges Dreieck.

a) Berechne den Flächeninhalt des Dreiecks.

b) Berechne die Innenwinkel des Dreiecks.

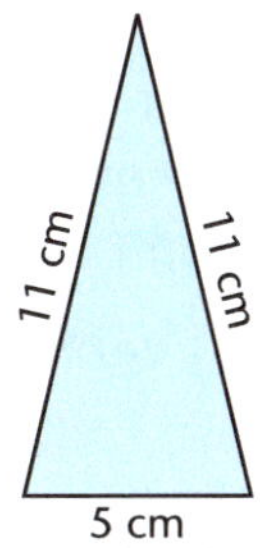

2 Das Werkstück aus Eisen ist ein Prisma mit einem gleichschenkligen Trapez als Grundfläche.

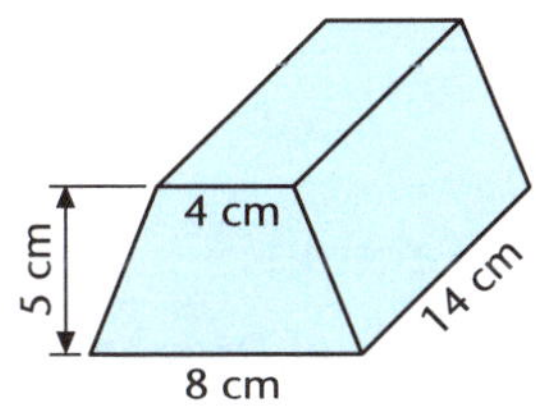

a) Berechne das Volumen des Werkstücks.

b) Berechne den Oberflächeninhalt des Werkstücks.

c) Berechne die Innenwinkel der Trapezfläche.

3 Abgebildet sind die Maße von Tor, Torraum und Strafraum eines Fußballfeldes. Das Tor ist 2,44 m hoch.

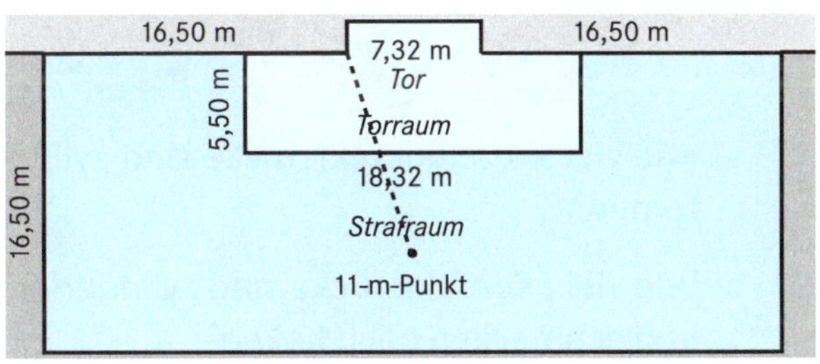

a) Wie groß ist der Strafraum eines Fußballfeldes außerhalb des Torraumes?

b) Vom Elfmeterpunkt wird ein Ball in gerader Linie in die obere linke Ecke geschossen, wo Pfosten und Latte zusammentreffen. Welchen Weg legt der Ball zurück?

c) Mit welchem Winkel hebt der Ball, dessen Weg in Teilaufgabe b) beschrieben ist, vom Boden ab?

4 Berechne den Flächeninhalt und Umfang des Parallelogramms.

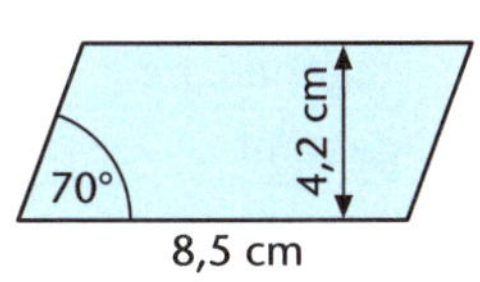

10 Haus mit Satteldach (von S. 45)

Der Zeichnung kannst du die Außenmaße eines Einfamilienhauses entnehmen.

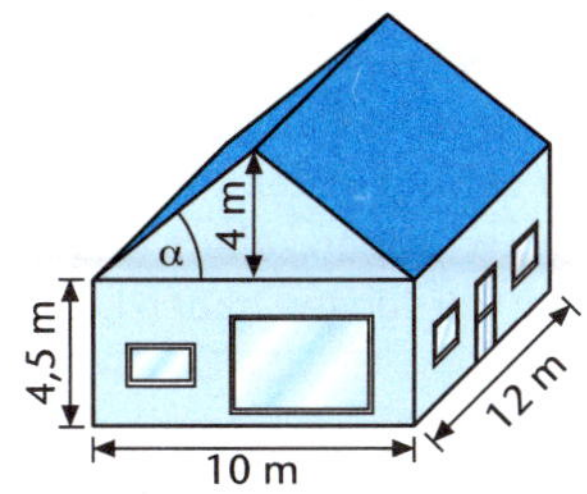

a) Berechne das Volumen des Hauses (umbauter Raum).
b) Wie groß ist die gesamte Dachfläche?
c) Berechne den Neigungswinkel α des Dachs.

Zu a)
Der untere Teil des Hauses ist ein Quader mit dem Volumen V_1, der obere Teil ist ein Prisma mit einem Dreieck als Grundfläche G und dem Volumen V_2.

$V_1 = a \cdot b \cdot c$ | $V_2 = G \cdot h$

$V_1 = 10\text{ m} \cdot 4{,}5\text{ m} \cdot 12\text{ m}$ | $V_2 = \frac{10\text{ m} \cdot 4\text{ m}}{2} \cdot 12\text{ m}$

$V_1 = 540\text{ m}^3$ | $V_2 = 240\text{ m}^3$

$V = V_1 + V_2 = 540\text{ m}^3 + 240\text{ m}^3 = 780\text{ m}^3$

Das Volumen des Hauses beträgt insgesamt **780 m³**.

Zu b)
Die Dachflächen bestehen aus zwei gleichen Rechtecken. Der Flächeninhalt eines Rechtecks berechnet sich aus x · 12 m.

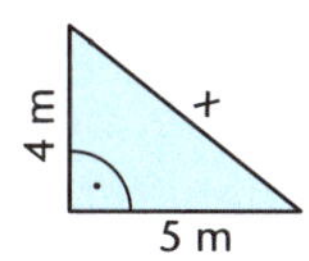

Die Länge der Dachkante x wird mit dem Satz des Pythagoras berechnet.

$x^2 = (4\text{ m})^2 + (5\text{ m})^2$
$x^2 = 41\text{ m}^2 \quad |\sqrt{\ }$
$x = \sqrt{41\text{ m}^2} \approx 6{,}40\text{ m}$

$A = (6{,}40\text{ m} \cdot 12\text{ m}) \cdot 2 = 153{,}60\text{ m}^2$

Die gesamte Dachfläche ist **153,6 m²** groß.

Zu c)

$\tan\alpha = \frac{\text{Gegenkathete}}{\text{Ankathete}} = \frac{4\text{ m}}{5\text{ m}} = \frac{4}{5}$

$\tan\alpha = 0{,}8$

$\alpha \approx 38{,}66°$

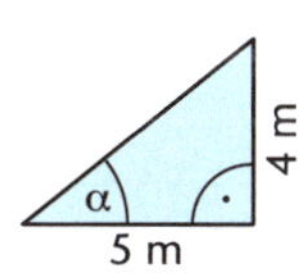

Der Neigungswinkel des Daches beträgt ca. **39°**.

http://nale.fi/ngra
http://nale.fi/xsce

http://nale.fi/kysd

11 Nebenjobs (von S. 46)

Bei einer Umfrage unter 580 Zehntklässlern geben 30 % an, neben der Schule zu jobben. Insgesamt nehmen 348 Mädchen an der Umfrage teil. Von den befragten Mädchen haben 25 % einen Nebenjob.

a) Berechne den prozentualen Anteil der Mädchen und Jungen an den befragten Zehntklässlern.
b) Wie viele Mädchen haben keinen Nebenjob?
c) Wie viel Prozent der Jungen haben keinen Nebenjob?

Zu a)
348 der 580 Befragten sind Mädchen.
G = 580 W = 348 p % ist gesucht.
$p\,\% = \frac{W}{G} = \frac{348}{580} = 0{,}6 = 60\,\%$
Der prozentuale Anteil der **Mädchen** an den befragten Zehntklässlern beträgt **60 %.**
Also sind 40 % der befragten Zehntklässler Jungen.
Das sind 232 (= 580 – 348).

Zu b)
25 % (ein Viertel) der befragten 348 Mädchen geben an, einen Nebenjob zu haben. Das sind 348 : 4 = 87 Mädchen. Damit haben **261** (= 348 – 87) Mädchen keinen Nebenjob.

Zu c)
30 % der 580 befragten Zehntklässler haben einen Nebenjob.
G = 580 p % = 30 % W ist gesucht.
$W = G \cdot p\,\% = 580 \cdot 30\,\% = 580 \cdot 0{,}3 = 174$
174 der befragten Zehntklässler haben also einen Nebenjob und **406** (= 580 – 174) haben keinen Nebenjob.
Von diesen 406 Zehntklässlern ohne Nebenjob sind 261 Mädchen (s. Teil b)), also haben 145 (= 406 – 261) Jungen keinen Nebenjob.
Da insgesamt 232 Jungen an der Befragung teilgenommen haben, entspricht dies einem Anteil von $\frac{145}{232} = 0{,}625 = 62{,}5\,\%$.
62,5 % der Jungen haben keinen Nebenjob.
In der folgenden Tabelle sind noch einmal alle Daten zusammengestellt.

	Mit Nebenjob	Ohne Nebenjob	
Mädchen	87	261	348
Jungen	87	145	232
	174	406	**580**

1 An einer Schule sind 55 % der Schülerinnen und Schüler Mädchen. 35 % der Mädchen kommen mit dem Fahrrad zur Schule. Insgesamt fahren 40 % mit dem Rad zur Schule.

a) Vervollständige das Baumdiagramm.

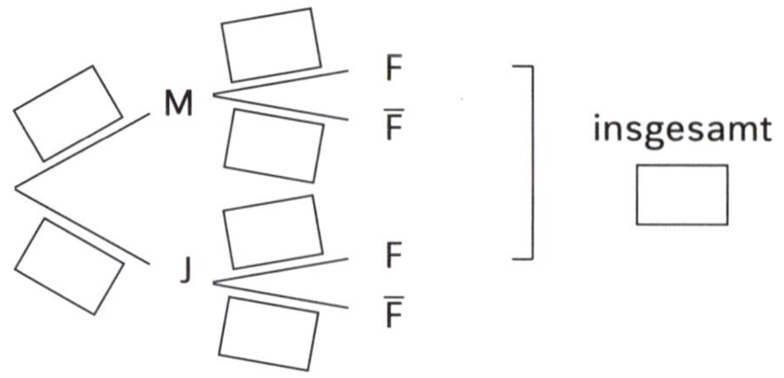

F: mit dem Fahrrad F̄: ohne Fahrrad

b) Berechne, wie viel Prozent der Jungen mit dem Fahrrad zur Schule kommen.

2 Eine Tüte Lakritzkonfekt enthält 60 Stücke in zwei Geschmacksrichtungen: Kakao und Kokos. Zwei Drittel der Konfektstücke besitzen die Form eines Quaders, der Rest ist zylinderförmig. Ein Drittel des Konfekts hat Kakaogeschmack, 12 Konfektstücke sind zylinderförmig und schmecken nach Kokos.

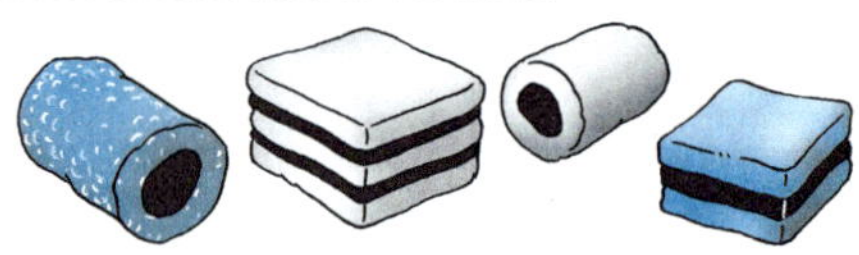

a) Wie viel % der Konfektstücke sind zylinderförmig?

b) Wie viele Konfektstücke sind zylinderförmig und schmecken nach Kakao?

c) Wie hoch ist die Wahrscheinlichkeit, ein quaderförmiges Konfekt mit Kokosgeschmack aus der vollen Tüte zu ziehen?

3 Ein Hersteller für Tiefkühlkost befragte 300 Personen, darunter 120 Jugendliche, ob ihnen eine neue Pizzasorte schmeckt. Die Tabelle zeigt das Ergebnis der Umfrage.

	schmeckt	schmeckt nicht	gesamt
Erwachsene			
Jugendliche		48	120
gesamt	196		300

a) Ergänze die fehlenden Daten der Umfrage.

b) Gib die Wahrscheinlichkeit dafür an, dass einem Erwachsenen die Pizza nicht schmeckt.

1 Ein Routenplaner zeigt für die Strecke von Köln nach Dortmund mit dem Auto 95 km an und nennt eine Fahrtzeit von 1 Stunde 30 Minuten. Der Regionalexpress fährt die etwas längere Bahnstrecke mit einer Durchschnittsgeschwindigkeit von 72 $\frac{km}{h}$ in der gleichen Zeit. Wie lang ist die Bahnstrecke?

2 Das Schaubild gibt an, wie viel die Bundesbürger für Waren und Dienstleistungen des täglichen Bedarfs ausgeben, wenn 1 000 € zu Grunde liegen.

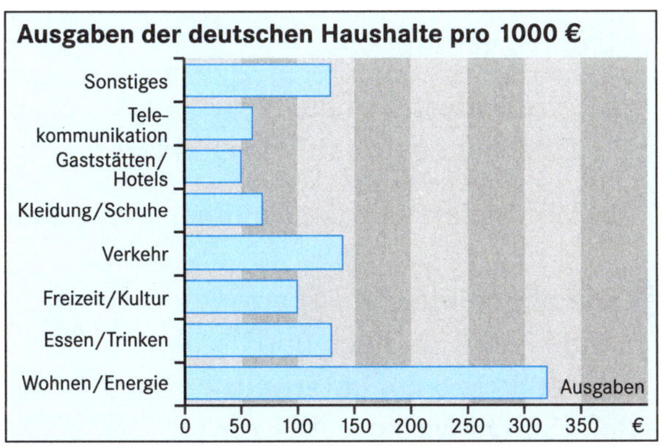

a) Aus dem Schaubild kann folgender Vergleich herausgelesen werden: „Für Wohnen/Energie geben die Bundesbürger etwa dreimal so viel aus wie für Freizeit/Kultur." Stelle mithilfe des Schaubilds mindestens drei weitere Vergleiche an.

b) Familie Wagner hat jährlich rund 30 000 € zur Verfügung. Ihre Ausgaben entsprechen ungefähr den durchschnittlichen Ausgaben deutscher Haushalte. Wie viel Geld würde Familie Wagner nach dem abgebildeten Modell für Wohnen/Energie im Jahr ausgeben, wie viel für Verkehr?

12 Pkw-Antriebe und Kosten (von S. 46)

Fahrzeughersteller bieten ihre Modelle mit alternativen Antrieben an (siehe S. 46).

a) Berechne, wie weit man mit den verschiedenen Antrieben für 10 € kommt. Stelle die Ergebnisse in einem geeigneten Diagramm dar.

b) Für den Antrieb mit einem Hybridmotor wurde ein Preis von 1,30 € pro Liter Super angenommen. Kann das Fahrzeug mit einer Tankfüllung (50 *l*) die Strecke Hamburg – München (775 km) zurücklegen? Begründe rechnerisch.

c) Im Preis von einem Liter Super (1,30 €) ist eine Energiesteuer von 65,45 ct enthalten. Berechne den Anteil in Prozent.

http://nale.fi/bnwa

Zu a)

Benzinmotor: $\frac{10\,€}{7{,}80\,€} = \frac{B}{100\text{ km}} \rightarrow B \approx 128\text{ km}$

$B = \frac{10\,€ \cdot 100\text{ km}}{7{,}80\,€} \approx 128{,}21\text{ km}$

Dieselmotor: $\frac{10\,€}{5{,}82\,€} = \frac{D}{100\text{ km}} \rightarrow D \approx 172\text{ km}$

$D = \frac{10\,€ \cdot 100\text{ km}}{5{,}82\,€} \approx 171{,}82\text{ km}$

Hybridmotor: $\frac{10\,€}{5{,}33\,€} = \frac{H}{100\text{ km}} \rightarrow H \approx 188\text{ km}$

$H = \frac{10\,€ \cdot 100\text{ km}}{5{,}33\,€} \approx 187{,}62\text{ km}$

Elektromotor: $\frac{10\,€}{2{,}93\,€} = \frac{E}{100\text{ km}} \rightarrow E \approx 341\text{ km}$

$E = \frac{10\,€ \cdot 100\text{ km}}{2{,}93\,€} \approx 341{,}30\text{ km}$

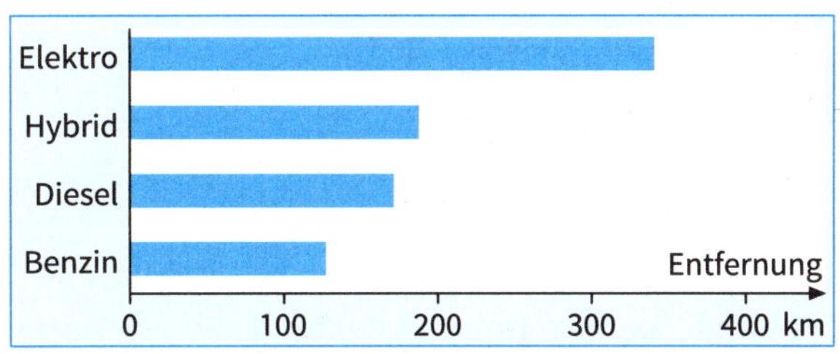

Zu b)

Zunächst muss der Verbrauch für 100 km berechnet werden: 5,33 € : 1,30 € = 4,1

Bei einer Tankfüllung von 50 *l* ergibt sich:

50 *l* : 4,1 *l* ≈ 12

Die Reichweite beträgt 12 · 100 km = 1200 km.

Die Tankfüllung reicht.

Zu c)

$\frac{0{,}6545\,€}{1{,}30\,€} \approx 0{,}50$

Der Anteil der Energiesteuer beträgt rund 50 %.

http://nale.fi/ksyx

13 Seitenlängen beim Quadrat (von S. 47)

Welche Aussagen sind falsch? Begründe, warum sie falsch sind.
(1) Verdoppelt man die Seitenlänge eines Quadrats, so vervierfacht sich der Umfang.
(2) Verdoppelt man die Seitenlänge eines Quadrats, so vervierfacht sich der Flächeninhalt.
(3) Verdreifacht man die Seitenlänge eines Quadrats, so verdreifacht sich der Umfang.
(4) Verdreifacht man die Seitenlänge eines Quadrats, so verdreifacht sich der Flächeninhalt.

Aussage (1) ist **falsch:**
$u_1 = 4a \qquad u_2 = 4 \cdot 2a = 8a$
8a ist nur das Doppelte von 4a.

Aussage (2) ist **richtig:**
$A_1 = a^2 \qquad A_2 = (2a)^2 = 2a \cdot 2a = 4a^2$
$4a^2$ ist das Vierfache von a^2.

Aussage (3) ist **richtig:**
$u_1 = 4a \qquad u_3 = 4 \cdot 3a = 12a$
12a ist das Dreifache von 4a.

Aussage (4) ist **falsch:**
$A_1 = a^2 \qquad A_3 = (3a)^2 = 3a \cdot 3a = 9a^2$
$9a^2$ ist sogar das 9-Fache von a^2.

Verdreifacht man dagegen bei einem Würfel die Kantenlänge, hat das folgende Auswirkung auf das Volumen:

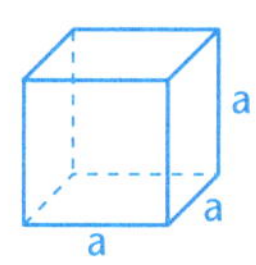

$\mathbf{V = a^3} \qquad V_3 = (3a)^3 \qquad \mathbf{V_3 = 27a^3}$

Verlängert man bei einer Fläche oder einem Körper alle Kanten um den Faktor k, so wächst:
- der Umfang der Fläche um das k-Fache,
- der Flächeninhalt bzw. die Oberfläche um das k^2-Fache,
- das Volumen des Körpers um das k^3-Fache.

Beispiel:
Bei einem Kegel mit dem Radius r und der Höhe h werden beide Maße verdoppelt. Wie ändert sich das Volumen?
Der vergrößerte Kegel hat den Radius 2r und die Höhe 2h.

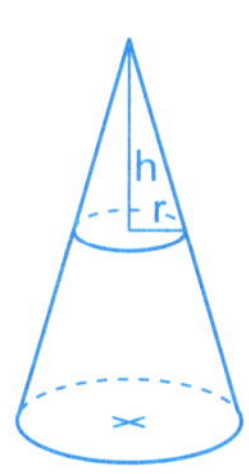

Es gilt: $V = \frac{\pi}{3} r^2 h \qquad V = \frac{\pi}{3} \cdot (2r)^2 \cdot 2h$

$\mathbf{V = \frac{\pi}{3} \cdot 8r^2h}$

Das Volumen ist 8-mal so groß.

1 Wie ändert sich der Umfang eines Rechtecks, wenn man Länge und Breite verdoppelt?
- ☐ Der Umfang verdoppelt sich.
- ☐ Der Umfang vervierfacht sich.
- ☐ Der Umfang verachtfacht sich.

2 Wie ändert sich der Flächeninhalt eines Kreises, wenn man den Radius vervierfacht?
- ☐ Der Flächeninhalt verdoppelt sich.
- ☐ Der Flächeninhalt vervierfacht sich.
- ☐ Der Flächeninhalt verachtfacht sich.
- ☐ Der Flächeninhalt versechszehnfacht sich.

3 Wie ändert sich das Volumen eines Würfels, wenn man seine Kantenlänge halbiert?

4 Abgebildet sind eine große Kugel und vier kleine Kugeln, die nur halb so hoch sind.

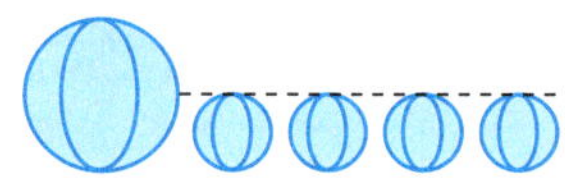

Die fünf Kugeln sind aus demselben Material. Die große Kugel wiegt 7 kg. Wie viel wiegen die vier kleinen Kugeln zusammen?

5 Beim abgebildeten Quader werden die Kantenlängen a, b und c verdoppelt.

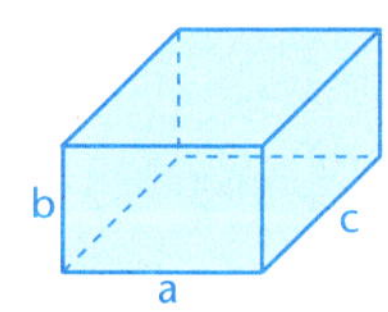

a) Wie ändert sich der Oberflächeninhalt des Quaders?

b) Wie ändert sich das Volumen des Quaders?

6 Die abgebildete Holzpyramide ist 24 cm hoch und wiegt 2 kg. 6 cm unterhalb der Spitze wird parallel zur Grundfläche ein Schnitt durch die Pyramide gelegt.

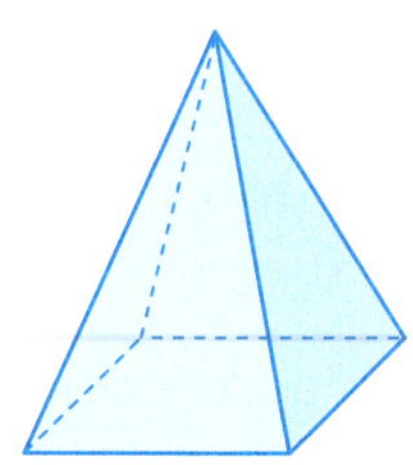

a) Wie schwer ist die abgeschnittene Spitze, die ja ebenfalls eine Pyramide ist?

b) Welchen Bruchteil von der Oberfläche der gesamten Pyramide beträgt die Oberfläche der Spitze?

☐ $\frac{1}{2}$	☐ $\frac{1}{16}$
☐ $\frac{1}{4}$	☐ $\frac{1}{32}$
☐ $\frac{1}{8}$	☐ $\frac{1}{64}$

1

LOS ANGELES, 21. Mai 2010
Für die Rekordsumme von 7,85 Mio. Dollar (6,36 Mio. €) ist in Kalifornien jetzt ein Silberdollar aus dem Jahr 1794 verkauft worden. Von den Münzen wurden 1758 geprägt. Die jetzt verkaufte ist die älteste von den 150, die es noch gibt.

Flowing Hair Dollar

Masse	27 g
Durchmesser	39 bis 40 mm
Zusammensetzung	90 % Silber 10 % Kupfer
Prägung	1794 bis 1795

a) Bestimme anhand der Angaben im Nachrichtentext den Wechselkurs zwischen Euro und Dollar im Mai 2010.

b) Silber besitzt eine Dichte von $10{,}5\ \frac{g}{cm^3}$, Kupfer von $8{,}9\ \frac{g}{cm^3}$. Für die Silberlegierung des Flowing Hair Dollars wird die Dichte mit $10{,}34\ \frac{g}{cm^3}$ angegeben. Erkläre.

c) Bestimme die Dicke der Münze.

d) 1 Gramm der Silberlegierung hatte Ende Mai 2010 einen Materialwert von etwa 0,80 €. Wie viel Prozent des Materialwerts des Flowing Hair Dollars entspricht die Rekordsumme aus dem Verkauf?

2

Beim Aufschütten von Salz, Getreide, Sand usw. entstehen Schüttkegel. Wie hoch und wie breit ein Kegel wird, hängt von dem so genannten Böschungswinkel des Materials ab. Bei Mehl beträgt dieser Winkel zwischen Seitenlinie und Durchmesser ca. 45°. Der abgebildete Mehlkegel besteht aus 250 g Mehl, sein Durchmesser beträgt etwa 12 cm.

a) Wie viel wiegt ungefähr 1 cm^3 Mehl?

b) Wie hoch wäre der Kegel, wenn statt 250 g die doppelte Menge verwendet worden wäre?

14 Tonnenschwere Goldmünze (von S. 47)

http://nale.fi/ahnb

Zwei Zeitungen berichteten im Oktober 2011 über die größte Goldmünze der Welt.

(1) „Eine Tonne schwer und 80 cm Durchmesser, reines Gold im Wert von 55 Millionen US-Dollar."
(2) „... sie ist 80 cm hoch, 12 cm dick, 1 Tonne schwer und zu 99,99 Prozent aus Feingold. Ihr Materialwert liegt bei 34 000 000 €."

a) Vergleiche die Angaben zum Materialwert der Meldungen (1) und (2). Bestimme den Wechselkurs zwischen Euro und Dollar für Oktober 2011.
b) Stimmt die angegebene Dicke in (2) mit den in (1) genannten Maßen überein? Rechne bei Gold mit einer Dichte von $19{,}3\ \frac{g}{cm^3}$.
c) Löse die Formel für das Volumen eines Zylinders nach r auf. Berechne damit den Radius r einer solchen Goldmünze, die dieselbe Dicke hat, aber nur halb so schwer ist.

Zu a)

Euro	US-Dollar
34 000 000	55 000 000
34	55
1	$\frac{55}{34} \approx 1{,}6176$

Im Oktober 2011 betrug der Wechselkurs zwischen Euro und Dollar **1,6176**. Für 1 Euro erhielt man 1,62 US-Dollar.

Zu b)

(1) $V = \frac{\text{Masse}}{\text{Dichte}} = \frac{1\ t}{19{,}3\ \frac{g}{cm^3}} = \frac{1\,000\,000\ g}{19{,}3\ \frac{g}{cm^3}}$

$$\mathbf{V \approx 51\,813{,}5\ cm^3}$$

Wegen $V = \pi \cdot r^2 \cdot h$ gilt:

$h = \frac{V}{\pi \cdot r^2} \approx \frac{51\,813{,}5\ cm^3}{\pi \cdot (40\ cm)^2}$, $\mathbf{h \approx 10{,}3\ cm}$

Dabei ist h die Dicke der Münze. Die Angaben stimmen also **nicht** überein.

Zu c)

$V = \pi \cdot r^2 \cdot h \rightarrow r^2 = \frac{V}{\pi \cdot h} \rightarrow r = \sqrt{\frac{V}{\pi \cdot h}}$

Halbe Masse bedeutet halbes Volumen.

$V = \frac{51\,813{,}5\ cm^3}{2} = 25\,906{,}75\ cm^3$

$h = 10{,}3\ cm$

$\mathbf{r} = \sqrt{\frac{25\,906{,}75\ cm^3}{p \cdot 10{,}3\ cm}} \approx \mathbf{28{,}3\ cm}$

Der Radius beträgt etwa **28,3 cm.**

http://nale.fi/skwy

15 Kapitalanlage (von S. 47)

Zur Konfirmation erhält Henrik 1 000 € von seinen Großeltern. Er legt das Geld zu 1,5 % an und will den Betrag so lange unangetastet lassen, bis sich sein Anfangskapital verdoppelt hat.

a) Wie viele Jahre muss Henrik warten?

b) In welcher Zeit würde sich bei gleicher Verzinsung ein Kapital von 10 000 € verdoppeln?

Zu a)

Um zu berechnen, in wie vielen Jahren das Anfangskapital von 1 000 € bei einem Zinssatz von 1,5 % auf ein Endkapital von 2 000 € anwächst, überlegt man sich:

Anfangskapital	1 000,0 €
↓	$\cdot$ 1,015
Kapital nach 1 Jahr	1 015,00 €
↓	$\cdot$ 1,015
Kapital nach 2 Jahren	1 030,225 €
Kapital	⋮
nach x Jahren	**2 000,00 €**

$\cdot 1{,}015^2$ (vom Anfangskapital zum Kapital nach 2 Jahren)

$\mathbf{\cdot 1{,}015^x}$ (vom Anfangskapital zum Kapital nach x Jahren)

Die Anzahl der Jahre bis zur Verdoppelung des Anfangskapitals auf 2 000 € liefert demnach die Gleichung:

$$1\,000\text{ €} \cdot 1{,}015^x = 2\,000\text{ €} \quad | : 1\,000\text{ €}$$

$$1{,}015^x = \frac{2\,000\text{ €}}{1\,000\text{ €}}$$

$$1{,}015^x = 2$$

Lösen der Gleichung durch probierendes Einsetzen von ganzzahligen Exponenten:

$1{,}015^{40} \approx 1{,}81$

$1{,}015^{45} \approx 1{,}95$

$1{,}015^{46} \approx 1{,}98$

$1{,}015^{47} \approx 2{,}01$

Henrik muss also etwa **47 Jahre** bis zur Verdoppelung seines Anfangskapitals warten.

Zu b)

Die Lösung zu a) zeigt, dass die Höhe des Betrages keinen Einfluss auf die Verdoppelungszeit hat. Richtig ist daher: Auch ein Kapital von 10 000 € verdoppelt sich bei einem Zinssatz von 1,5 % in etwa **47 Jahren.**

1 Berechne die fehlenden Angaben mithilfe der Zinseszinsformel: $K_n = K_0 \cdot (1 + \frac{p}{100})^n$.

	a)	b)	c)
Kapital (K_0)	2 000 €		1 560 €
Zinssatz (p %)	1,4 %	1,6 %	1,5 %
Laufzeit (n)	4 Jahre	1 Jahr	
Endkapital (K_n)		751,84 €	1 705,77 €

2 Legt man einen Betrag von 2 000 € fest zu 1,6 % Zinsen an, so verdoppelt sich das Kapital durch Zins und Zinseszins nach etwa 44 Jahren. Wie viele Jahre dauert es ungefähr, bis sich das Kapital vervierfacht hat?

☐ etwa 66 Jahre ☐ etwa 100 Jahre

☐ etwa 88 Jahre ☐ etwa 135 Jahre

3 Im Diagramm ist die Entwicklung eines Anfangskapitals von 500 € bei einem festen Zinssatz über mehrere Jahre dargestellt. Das Endkapital y nach x Jahren kann durch die Gleichung $y = 500 \cdot (1 + \frac{p}{100})^x$ berechnet werden.

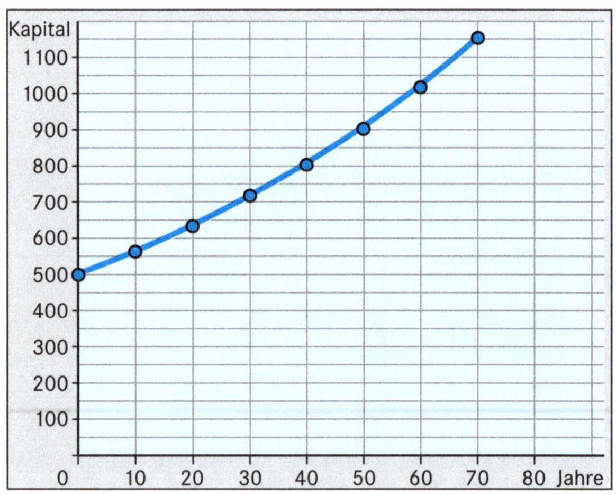

a) Lies aus dem Diagramm ab, nach welcher Zeit sich das Anfangskapital verdoppelt hat.

b) Gib an, zu welchem gleichbleibenden Zinssatz das Anfangskapital angelegt wurde. Notiere deine Rechnung. Runde das Ergebnis auf Zehntel %.

c) Wie lange würde es bei gleicher Verzinsung dauern, bis sich ein Kapital von 50 000 € verdoppelt hätte?

1 Es wird mit den beiden Würfeln aus der nebenstehenden Aufgabe ⑯ gewürfelt. Benutze zur Beantwortung der folgenden Fragen die Tabelle aus der Lösungsspalte der Aufgabe ⑯.

a) Wie groß ist die Wahrscheinlichkeit, zwei verschiedene Zahlen zu würfeln?

b) Wie groß ist die Wahrscheinlichkeit, mindestens die Augensumme 10 zu würfeln?

c) Wie groß ist die Wahrscheinlichkeit, zwei ungerade Zahlen zu würfeln?

2 Julian und Lara würfeln abwechselnd mit zwei Würfeln, Lara beginnt. Sie muss versuchen, die Augensumme 12 zu erzielen, Julian ist erfolgreich mit der Augensumme 7.
Das Spiel ist zu Ende, wenn Lara 3-mal die Augensumme 12 oder Julian 15-mal die Augensumme 7 erzielt hat.
Begründe, wer von den beiden die besseren Gewinnchancen hat.

3 Abgebildet sind die Netze von zwei Würfeln, mit denen gleichzeitig gewürfelt wird.

(1)
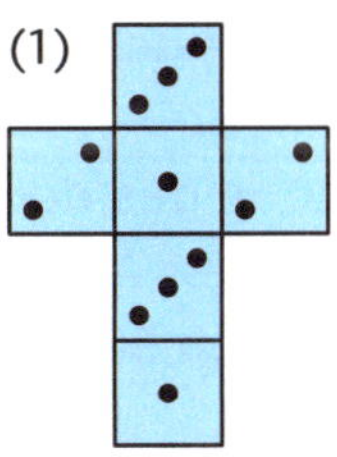

(2)
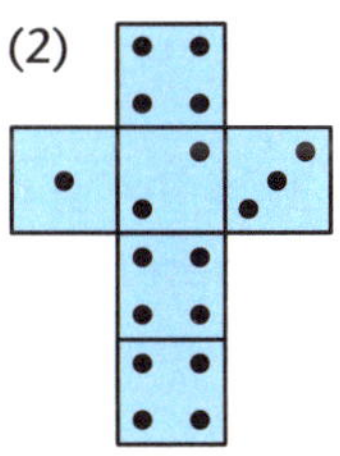

a) Wie groß ist die Wahrscheinlichkeit, eine gerade Augensumme zu würfeln?

b) Wie groß ist die Wahrscheinlichkeit, zwei gleiche Zahlen zu würfeln?

c) Wie groß ist die Wahrscheinlichkeit, die Augensumme 6 zu würfeln?

4 Die vier Könige eines Skatspiels werden gemischt und verdeckt auf den Tisch gelegt. Du drehst nacheinander zwei der vier Spielkarten um. Wie groß ist die Wahrscheinlichkeit,

a) die beiden schwarzen Könige umzudrehen?

b) einen roten und einen schwarzen König in beliebiger Reihenfolge umzudrehen?

16 Zwei Würfel (von S. 48)

Es wird gleichzeitig mit einem blauen und einem schwarzen Würfel gewürfelt.

Das Ergebnis (3;5) bedeutet: Mit dem blauen Würfel wurde eine 3 und mit dem schwarzen Würfel eine 5 gewürfelt.
a) Wie viele Ergebnisse sind möglich?
b) Wie groß ist die Wahrscheinlichkeit für das Ergebnis (3;5)?
c) Wie groß ist die Wahrscheinlichkeit, einen Pasch, d. h. zwei gleiche Zahlen, zu würfeln?

http://nale.fi/kaww

Zu a)
Die möglichen Ergebnisse kann man sich in einer Tabelle darstellen.

	1	2	3	4	5	6
1	(1;1)	(1;2)	(1;3)	(1;4)	(1;5)	(1;6)
2	(2;1)	(2;2)	(2;3)	(2;4)	(2;5)	(2;6)
3	(3;1)	(3;2)	(3;3)	(3;4)	(3;5)	(3;6)
4	(4;1)	(4;2)	(4;3)	(4;4)	(4;5)	(4;6)
5	(5;1)	(5;2)	(5;3)	(5;4)	(5;5)	(5;6)
6	(6;1)	(6;2)	(6;3)	(6;4)	(6;5)	(6;6)

Das blau unterlegte Feld zeigt das Wurfergebnis: blauer Würfel 3, schwarzer Würfel 5.

Es gibt $6 \cdot 6 =$ **36 mögliche Ergebnisse.**

Zu b)
(1) Von den 36 möglichen Ergebnissen ist nur ein einziges Ergebnis (3;5). **P (3;5) =** $\mathbf{\frac{1}{36}}$

(2) Das Würfeln mit zwei Würfeln kann als zweistufiger Versuch aufgefasst werden. Für das Ergebnis (3;5) können wir ein vereinfachtes Baumdiagramm zeichnen.

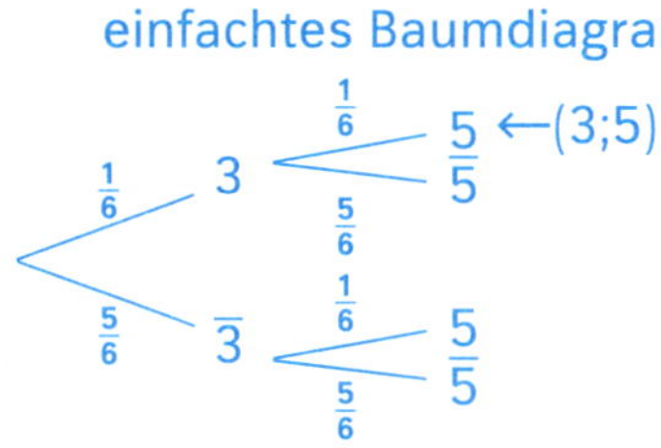

Mit der Pfadregel erhalten wir:
$P(3;5) = \frac{1}{6} \cdot \frac{1}{6} = \frac{1}{36}$

Zu c)
Es gibt die sechs Pasche (1;1), (2;2), (3;3), (4;4), (5;5) und (6;6).

$P(\text{Pasch}) = \frac{6}{36}$ **P (Pasch) =** $\mathbf{\frac{1}{6}}$

http://nale.fi/wxzx

17 Fußballduell (von S. 48)

Die abgebildete Grafik vergleicht, wie viel Euro in Deutschland und wie viel Euro in England durch internationale und nationale Medienerlöse eingenommen werden.

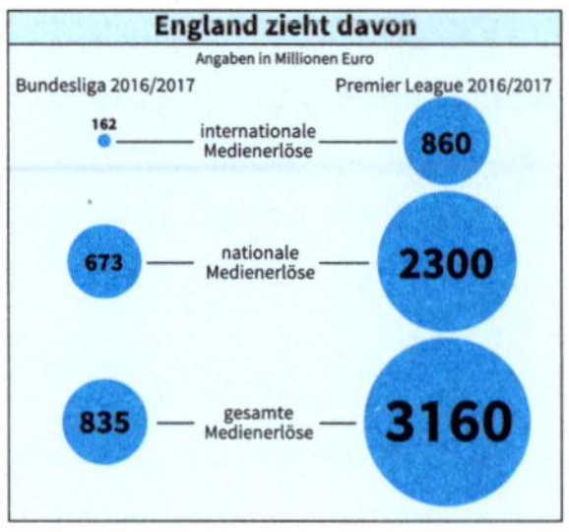

a) Wie viel Prozent der gesamten Medienerlöse in Deutschland machen die nationalen Medienerlöse aus?

b) Angenommen, der internationale Medienerlös wächst jedes Jahr in Deutschland um 10 %. Nach wie vielen Jahren ist er dann ungefähr so groß wie in England im Jahr 2016/2017?

c) Begründe, warum die Darstellung der beiden Kreise zum internationalen Medienerlös irreführend ist.

Zu a)
gesamte Medienerlöse in Deutschland (G): 835 000 000 €
nationale Medienerlöse in Deutschland (W): 673 000 000 €
Gesucht: p % $p\,\% = \frac{673\,000\,000 \text{ Euro}}{835\,000\,000 \text{ Euro}} \approx 0{,}81 = \mathbf{81\,\%}$

Zu b)
Die internationalen Erlöse in England sind ungefähr 5,3-mal so hoch wie die in Deutschland (860 Mio. : 162 Mio. ≈ 5,3). Der Wachstumsfaktor beträgt 10 %. Daraus ergibt sich folgende Gleichung: $1{,}1^x = 5{,}3$
Systematisches Probieren liefert für $x \approx 17{,}5$.
Nach **17,5 Jahren** wären die internationalen Medienerlöse in Deutschland ungefähr so groß wie in England in der Saison 2016/17.

Zu c)
In der Grafik werden die Werte der Medienerlöse durch die Flächeninhalte der Kreise dargestellt. Die internationalen Medienerlöse in England sind 5,3-mal so groß wie die in Deutschland (s. Teil b), aber 5,3 Kreise der Bundesliga zusammengelegt ergeben eine viel kleinere Gesamtfläche als die Kreisfläche bei der Premier League. Genauer: Der Kreis der Premier League hat einen etwa sechsmal so großen Radius und damit den 36-fachen Flächeninhalt wie der Kreis der Bundesliga.
Da der Kreis der internationalen Medienerlöse der Bundesliga viel zu klein gezeichnet wurde, ist die Darstellung zum internationalen Medienerlös irreführend.

1 Unter günstigen Bedingungen vermehren sich Fruchtfliegen täglich um 25 %. Angenommen, anfangs waren es zehn Fruchtfliegen.

a) Wie viele Fruchtfliegen sind es nach sieben Tagen?

b) Bestimme den Zeitraum, in dem sich die Anzahl der Fruchtfliegen verhundertfacht.

2 Im Jahr 2013 hatte China 1,36 Mrd. Einwohner, Indien 1,24 Mrd. Einwohner. Damit lebte mehr als ein Drittel der gesamten Weltbevölkerung von ungefähr 7 Milliarden Menschen in diesen beiden Ländern. In China wächst derzeit die Bevölkerung um 1,014 % pro Jahr, in Indien beträgt das Bevölkerungswachstum rund 1,7 %.

a) Wie viele Menschen werden bei einem angenommenen jährlichen Wachstum von 1,014 % im Jahr 2050 in China leben?

b) Angenommen, in beiden Ländern bleibt es bei der derzeitigen Wachstumsrate. Bestimme das Jahr, in dem Indien dann erstmals vor China hinsichtlich der Einwohnerzahl auf dem 1. Platz der Länder steht.

3 In der Tabelle ist die Entwicklung des durchschnittlichen Benzinverbrauchs der Autos in Deutschland im Verlauf der letzten 50 Jahre dargestellt:

Jahr	**1960**	**1965**	**1970**	**1975**	**1980**	**1985**
Verbrauch pro 100 km (in Liter)	8,1	8,7	9,6	9,9	10,1	9,9

Jahr	**1990**	**1995**	**2000**	**2005**	**2010**	**2015**
Verbrauch pro 100 km (in Liter)	9,4	9,0	8,3	7,8	7,5	7,2

a) Um wie viel Prozent ist der jährliche Verbrauch des Jahres 1960 kleiner als der des Jahres 1980?

b) Der Verbrauch des Jahres 2015 ist um genau 20 % kleiner als der des Jahres 1995. Kann man deswegen sagen, dass der Verbrauch in diesen 20 Jahren pro Jahr um 1 % abgenommen hat? Begründe deine Antwort.

c) Erstelle eine eigene grafische Darstellung, die den Eindruck erweckt, als wäre der Benzinverbrauch immer gefallen.

1 Ordne jedem Zahlenrätsel die passende Gleichung zu und bestimme die Lösung.

- Die Differenz aus 3 und dem 3. Teil einer Zahl a ist 8. ④
- $\frac{3a}{8} = \frac{1}{2}a$ (C)
- $3 - \frac{1}{3}a = 8$ (B)
- $8 : 3a = 0{,}5a$ (D)
- Die Summe aus einer Zahl a und dem Dreifachen dieser Zahl a ergibt 8. ①
- Multipliziere das Dreifache einer Zahl a mit 8, so erhältst du 3. ③
- $a + 3a = 8$ (E)
- $3a \cdot 8 = 3$ (A)
- Der Quotient aus dem Dreifachen einer Zahl a und 8 ist gleich der Hälfte von a. ②

2 Mit Termen lassen sich auch geometrische Sachverhalte beschreiben.
Skizziere das vierte Muster und schreibe einen Term auf, mit dem sich die Anzahl der Stäbe im n-ten Muster berechnen lässt.

a)

Nummer	n = 1	n = 2	n = 3
Muster	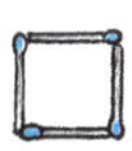	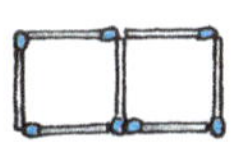	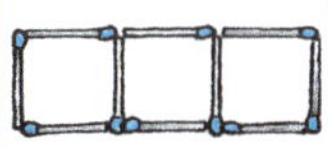
Hölzer	$4 = 1 + 3$	$7 = 1 + 2 \cdot 3$	$10 = 1 + 3 \cdot 3$

b)

Nummer	n = 1	n = 2	n = 3
Muster	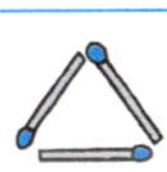	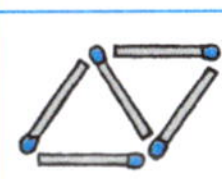	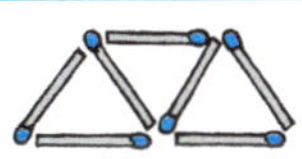
Hölzer	3	$5 = 3 + 2$	$7 = 3 + 2 \cdot 2$

3 a) Schreibe für das Zahlenrätsel eine Gleichung auf und löse sie: „Subtrahiere von der Hälfte einer Zahl ein Drittel der Zahl, dann erhältst du 4."
b) Erfinde ein Zahlenrätsel zur Gleichung $7x - 48 = 2x$. Löse auch die Gleichung.

4 Subtrahiert man vom dreifachen Alter der Frau Krause 5 Jahre, so erhält man dieselbe Zahl, wie wenn man in 15 Jahren Frau Krauses Alter verdoppelt. Stelle eine Gleichung auf und berechne das heutige Alter von Frau Krause.

18 Zahlenrätsel (von S. 49)

http://nale.fi/kwso

(1) Subtrahiere vom Dreifachen einer Zahl 8, dann erhältst du 5 mehr als die Zahl.
(2) Verdreifachst du die Differenz aus einer Zahl und 8, so erhältst du 5 weniger als die Zahl.
(3) Subtrahiert man 8 von einer Zahl, so erhält man das Dreifache der Summe aus 5 und der Zahl.
a) Welches Zahlenrätsel gehört zu der Gleichung $x - 8 = 3(5 + x)$?
b) Löse die Gleichung $x - 8 = 3(5 + x)$.
c) Schreibe auch zu den anderen Zahlenrätseln eine passende Gleichung auf.

Zu a)
Um zu überprüfen, welches Zahlenrätsel zu der Gleichung $x - 8 = 3(5 + x)$ gehört, „übersetzen" wir die Terme rechts und links vom Gleichheitszeichen.
„$x - 8$" heißt „die Differenz aus einer Zahl und 8" oder „Subtrahiere 8 von einer Zahl";
„$3(5 + x)$" heißt „das 3-Fache der Summe aus 5 und einer Zahl" oder „Verdreifache die Summe aus 5 und einer Zahl".
Diese Formulierung findet man nur bei **Zahlenrätsel (3)**.

Zu b)
Die Lösung der Gleichung erhält man so:

$$\begin{aligned} x - 8 &= 3(5 + x) && |\text{ Klammer ausmultiplizieren} \\ x - 8 &= 15 + 3x && |+8 \\ x &= 23 + 3x && |-3x \\ -2x &= 23 && |:(-2) \\ x &= -11{,}5 \end{aligned}$$

Die gesuchte Zahl lautet **−11,5.**

Zu c)
Zahlenrätsel (1):
„Subtrahiere vom Dreifachen einer Zahl 8" heißt in der mathematischen Sprache: „$3x - 8$".
„5 mehr als die Zahl" heißt „$x + 5$".
„Erhältst du" steht für das Gleichheitszeichen.
Zum **Zahlenrätsel (1)** lautet die passende Gleichung also: $\mathbf{3x - 8 = x + 5}$
Zahlenrätsel (2):
„Verdreifache die Differenz aus einer Zahl und 8" heißt in mathematischer Sprache: „$3 \cdot (x - 8)$".
„5 weniger als die Zahl" heißt „$x - 5$".
„Erhält man" steht für das Gleichheitszeichen.
Zum **Zahlenrätsel (2)** lautet die passende Gleichung also: $\mathbf{3(x - 8) = x - 5}$

http://nale.fi/gvnv

⑲ Smartphone-Nutzung (von S. 49)

Die Schülerinnen und Schüler aller 10. Klassen einer Schule wurden befragt, wie oft sie ihr Smartphone am Tag vor der Befragung zum Telefonieren, Simsen oder Surfen ungefähr benutzt haben. Das Ergebnis wurde in einem Boxplot dargestellt.

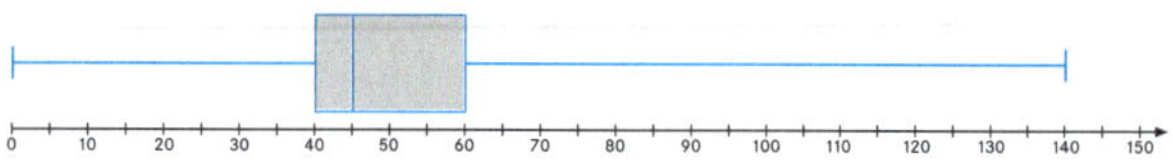

a) Entnimm dem Boxplot folgende Werte: Spannweite, Median (Zentralwert), unteres Quartil, oberes Quartil
b) Felix behauptet: „Die meisten Schüler haben mehr als 60-mal mit dem Smartphone telefoniert, gesimst oder gesurft.“ Nimm Stellung.

Zu a)
Spannweite: 140 – 0 = **140**
(größter Wert – kleinster Wert)

Median (Zentralwert): 45
(mittlerer Wert aller Werte)

unteres Quartil: 40
(mittlerer Wert der unteren Hälfte)

oberes Quartil: 60
(mittlerer Wert der oberen Hälfte)

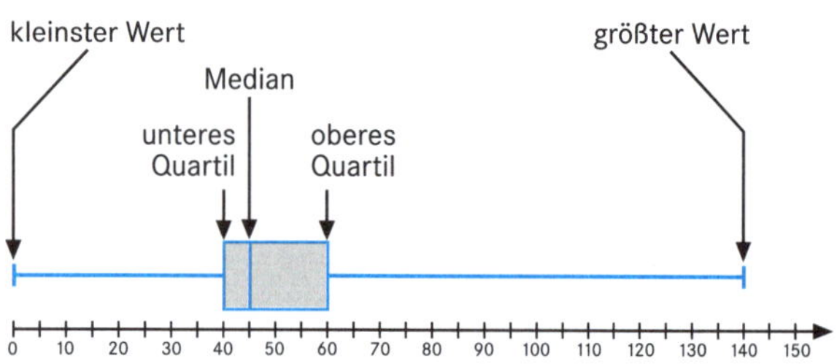

Zu b)
Die Aussage ist falsch. Lediglich ein Viertel aller befragten Schülerinnen und Schüler hat mehr als 60-mal telefoniert, gesimst oder gesurft.
Der Boxplot verdeutlicht die Streuung der gegebenen Werte.
Die Streuung ist im oberen Viertel am größten. Durch die Länge der Strecke zwischen oberem Quartil und größtem Wert hat sich Felix täuschen lassen.

1 Gehe davon aus, dass in den 10. Klassen (Aufgabe ⑲, links abgebildet) 79 Schülerinnen und Schüler an der Befragung teilgenommen haben und dass nur Vielfache von 5 bei den Antworten genannt wurden.

a) Wie viele Antworten liegen unter 40, zwischen 45 und 60 sowie über 60?
Hinweis: Jeweils genau eine Antwort gab es für 40, 45 und 60.

b) Stelle in einer Tabelle ein mögliches Befragungsergebnis zusammen, das zum abgebildeten Boxplot passt.

2 Notenspiegel einer Klassenarbeit:

Note	1	2	3	4	5	6
Anzahl	3	8	6	4	3	1

Stelle das Ergebnis in einem Boxplot dar.

3 In einer Umfrage wird das Interesse von Schülerinnen und Schülern der Abschlussklassen am Lesen ermittelt.
Die Tabelle zeigt die Ergebnisse.

Lesezeit in Stunden pro Monat	0	1	2	4	5	6	7	8	9
Anzahl der Jugendlichen	2	1	2	3	7	6	2	6	3

Stunden	10	11	12	13	14	15	16	17	20
Jugendliche	7	6	3	2	4	3	10	2	6

Stunden	21	22	23	24	28	32	40	48
Jugendliche	5	3	2	6	1	1	1	1

a) Gib folgende Kennwerte zu dieser Umfrage an: Spannweite, Median, unteres Quartil und oberes Quartil.

b) Stelle das Ergebnis zusätzlich in einem Boxplot dar.

c) Liegt das arithmetische Mittel oberhalb oder unterhalb des Medians? Begründe ohne Rechnung.

1 Wie viel Quadratkilometer ist Frankreich ungefähr groß?
Vergleiche dein Ergebnis mit Angaben aus dem Lexikon oder dem Internet.
Beachte: Zu Frankreich gehört auch die Mittelmeerinsel Korsika, die rechts abgebildet ist. Ihre Größe musst du beim Vergleich mit der offiziellen Größe Frankreichs berücksichtigen.

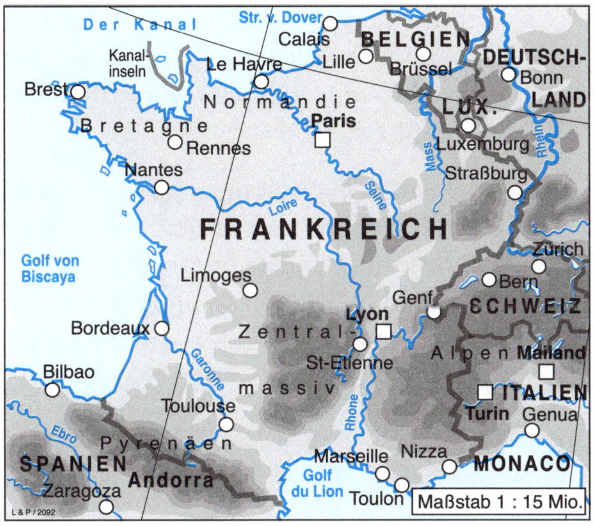

2 Weihnachten 2016 tobte der Sturm „Barbara" und hinterließ an der Sylter Südküste erhebliche Schäden. Bestimme näherungsweise die Größe der blau umrandeten beschädigten Fläche.

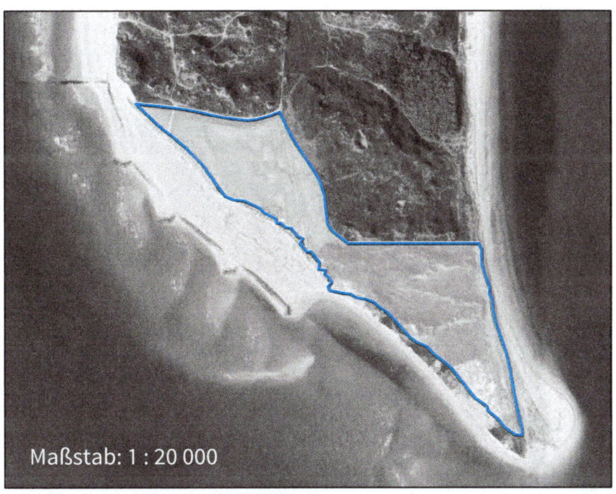

Luftbild vom 26. Dezember 2016:
Die Veränderungen, die Sturm „Barbara" bis zum 28. Dezember hinterließ, sind blau eingezeichnet.

20 Fläche NRW (von S. 49)

Der Kartenausschnitt zeigt das Bundesland Nordrhein-Westfalen. Bestimme näherungsweise die Größe der Fläche von Nordrhein-Westfalen. Benutze den Maßstab der Karte. Begründe dein Vorgehen.

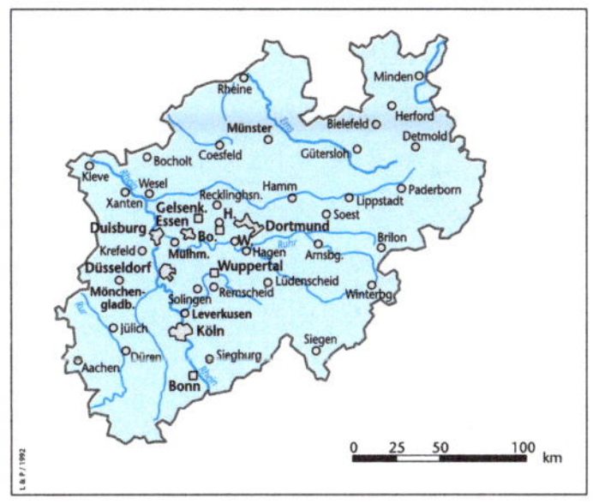

Man muss versuchen, die Fläche von NRW durch berechenbare Figuren (Vierecke, Dreiecke, ...) so abzudecken, dass sich „Gewinne" und „Verluste" ungefähr ausgleichen. Dafür gibt es sehr viele verschiedene Möglichkeiten; hier ist eine dargestellt. Die gemessenen „cm auf der Karte" muss man mit 40 multiplizieren und erhält dann „km in Wirklichkeit".

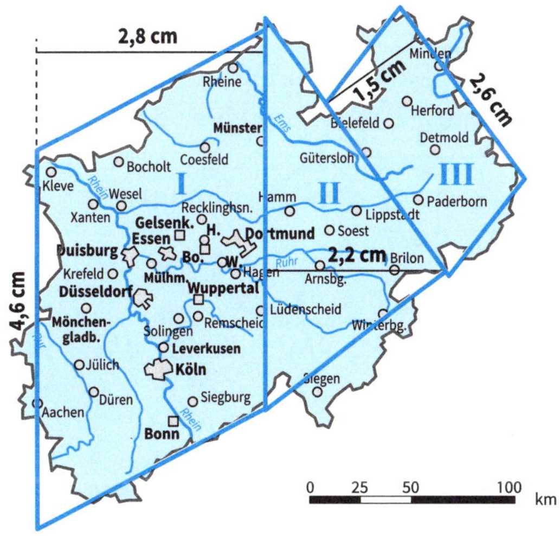

$A_I = 184\text{ km} \cdot 112\text{ km}$ (Parallelogramm)

$A_{II} = \frac{192\text{ km} \cdot 88\text{ km}}{2}$ (Dreieck)

$A_{III} = 104\text{ km} \cdot 60\text{ km}$ (Parallelogramm)

$A_I + A_{II} + A_{III} \approx 35\,296\text{ km}^2$

Nach dieser Schätzung ist das Bundesland knapp **35 000 km²** groß.

Ein Blick auf offizielle Angaben zeigt, dass NRW etwas mehr als 34 600 km² groß ist. Die Schätzung ist also ein guter Wert.

http://nale.fi/mwaz

http://nale.fi/uukw

21 Quadratische Gleichungen (von S. 50)

In der Abbildung siehst du, wie zwei Schüler die Gleichung $x^2 - 8x + 20 = 0$ gelöst haben.

a) Prüfe die Lösungswege. Welcher Weg stimmt, welcher Fehler wurde gemacht?

Marcel	Paul
$x^2 - 8x + 20 = 0$	$x^2 - 8x + 20 = 0$
$x_{1/2} = 4 \pm \sqrt{16 + 20}$	$x_{1/2} = 4 \pm \sqrt{16 - 20}$
$x_{1/2} = 4 \pm \sqrt{36}$	$x_{1/2} = 4 \pm \sqrt{-4}$
$x_1 = 4 + 6 = 10$	
$x_2 = 4 - 6 = -2$	keine Lösung

b) Löse folgende Gleichungen. Nicht immer brauchst du eine Lösungsformel.

(1) $(x + 7) \cdot (x - 7) = 0$ (2) $x^2 + 8x + 16 = 0$
(3) $x^2 - 5x = 0$ (4) $4x^2 + 96x - 100 = 0$

Zu a)
Marcels Lösung ist falsch. Der Fehler geschah beim Einsetzen von q − 20 in die Formel:

$$x_{1/2} = -\frac{p}{2} \pm \sqrt{\left(\frac{p}{2}\right)^2 - q} = +4 \pm \sqrt{16 - 20} = 4 \pm \sqrt{-4}$$

Pauls Lösung stimmt. Es gibt keine Lösung, da die Diskriminante negativ ist.

Zu b)
(1) $(x + 7) \cdot (x - 7) = 0$ Ein Produkt aus zwei Faktoren ergibt 0, wenn einer der Faktoren gleich 0 ist.
Deshalb: $x + 7 = 0$ oder $x - 7 = 0$.
$\mathbf{x_1 = -7;\ x_2 = 7}$

(2) Lösung mit der pq-Formel:
$x^2 + 8x + 16 = 0$ $p = 8$ $q = 16$
$x_{1/2} = -4 \pm \sqrt{16 - 16}$
$\mathbf{x = -4}$

Lösung mit der 1. binomischen Formel:
$x^2 + 8x + 16 = 0$
$(x + 4)^2 = 0$
$x + 4 = 0$
$x = -4$

(3) $x^2 - 5x = 0$ x ausklammern ergibt
$x \cdot (x - 5) = 0$ also entweder
$x = 0$ oder $x - 5 = 0$
$\mathbf{x_1 = 0;\ x_2 = 5}$

(4) $4x^2 + 96x - 100 = 0$ $|:4$
$x^2 + 24x - 25 = 0$ $p = 24$ $q = -25$
$x_{1/2} = -12 \pm \sqrt{144 - (-25)}$
$x_{1/2} = -12 \pm \sqrt{169}$
$x_1 = -12 + 13 = \mathbf{1}$ $x_2 = -12 - 13 = \mathbf{-25}$

1 Löse die Gleichung.

a) $(2x - 14) \cdot (15 - 3x) = 0$

b) $4x^2 - 17 - 3x^2 - 8 = 0$

c) $7x^2 - 6x - 5 - 5x^2 + 18x + 5 = 0$

d) $3y^2 - 9y - 37 = 3y - 1$

e) $(5 + a)^2 + a^2 = 3a + 29$

2 Stelle eine Gleichung auf und löse sie.

a) Addiert man zum Quadrat einer Zahl das Dreifache dieser Zahl, so erhält man dasselbe, wie wenn man vom Elffachen der Zahl 7 subtrahiert.

b) Maik subtrahiert vom Doppelten einer Zahl 16. Fatima subtrahiert diese Zahl von 15. Anschließend multiplizieren Maik und Fatima ihre Ergebnisse und erhalten Null. Welche Zahl können Maik und Fatima gewählt haben?

3

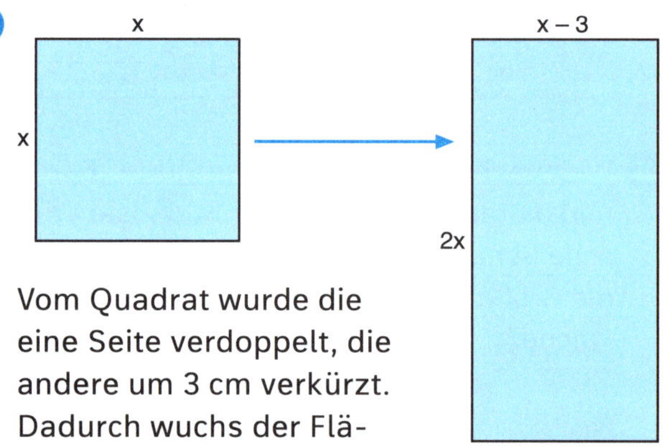

Vom Quadrat wurde die eine Seite verdoppelt, die andere um 3 cm verkürzt. Dadurch wuchs der Flächeninhalt um 55 cm². Welche Kantenlänge hatte das Quadrat?

4 Ein 6 cm hoher Zylinder hat einen Oberflächeninhalt von 169,646 cm².

a) Wie groß ist der Radius des Zylinders?
Hinweis: 169,646 ... = 54π

b) Welches Volumen hat der Zylinder?

5 Der Oberflächeninhalt eines geraden Kreiskegels mit der Kantenlinie s = 6 cm beträgt 172,788 cm³.

a) Berechne den Radius der Grundfläche.

b) Berechne die Höhe des Kegels und anschließend das Volumen.

1 In einem Gefäß sind 4 blaue und 7 rote Kugeln. Es werden nacheinander verdeckt zwei Kugeln gezogen, wobei die erste Kugel vor der zweiten Ziehung wieder zurückgelegt wird.

a) Zeichne ein Baumdiagramm und berechne die Wahrscheinlichkeiten für
(1) zwei blaue Kugeln;
(2) zwei Kugeln verschiedener Farbe;
(3) zwei Kugeln gleicher Farbe.

b) Wie ändern sich die Wahrscheinlichkeiten aus a), wenn die zuerst gezogene Kugel nicht zurückgelegt wird?

2 Das Glücksrad hat abwechselnd weiße und blaue Felder gleicher Größe. Es wird zweimal nacheinander gedreht. Wie groß ist jeweils die Wahrscheinlichkeit für folgende Ereignisse?

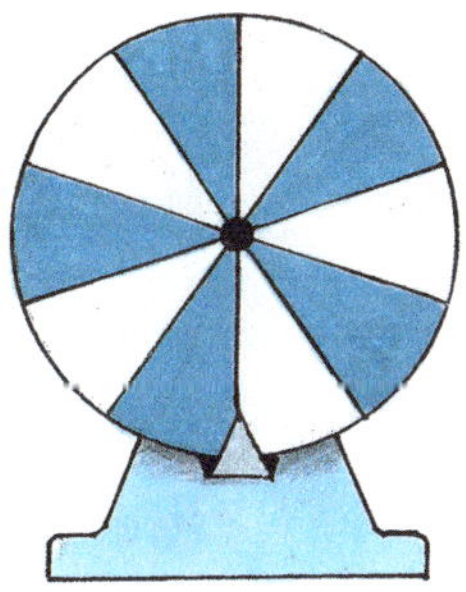

a) Es wird zweimal „blau“ erzielt.

b) Die letzte Drehung führt zu „blau“.

c) Keine Farbe tritt zweimal auf.

d) Die Farbe „weiß“ tritt höchstens einmal auf.

3 Die Klasse 10b hat für das Schulfest einen Stand mit einem Würfelspiel aufgebaut. Im Würfelbecher sind zwei Würfel, die gleichzeitig geworfen werden.
Einen Hauptpreis im Wert von 10 € gibt es bei der Augensumme 12; bei den Augensummen 11 und 10 gibt es einen kleineren Preis im Wert von 2 €. Der Einsatz pro Spiel beträgt 1 €.

Am Ende des Schulfestes hat die Klasse 10b 392 € bei dem Spiel verdient. Wie viele Glücksspiele wurden wahrscheinlich durchgeführt?
Eine Zahl stimmt; begründe deine Entscheidung.

457 | 893 | 1116 | 1431 | 1599

22 Glücksrad (von S. 50)

Auf einem Schulfest kann man am Stand der Klasse 10a für einen Einsatz von 1 € zweimal das abgebildete Glücksrad drehen. Bleibt es beide Male auf der gleichen Farbe stehen, gewinnt man, und zwar bei „blau“ einen Trostpreis im Wert von 0,30 € und bei „weiß“ einen Sachpreis von 8 €.

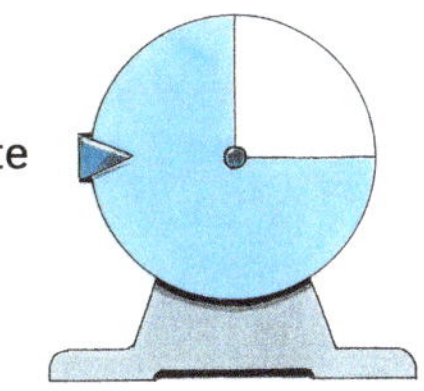

a) Zeichne ein Baumdiagramm und bestimme damit die Wahrscheinlichkeiten für die möglichen Gewinne (1) P(blau ; blau) und (2) P(weiß ; weiß).
b) Wie groß ist die Wahrscheinlichkeit, bei diesem Spiel zu verlieren?
c) Es werden 400 Spiele durchgeführt. Mit welchem Gewinn kann die Klasse rechnen?

$\frac{1}{4}$ des Glücksrades ist weiß und $\frac{3}{4}$ sind blau gefärbt.

Mit einem Baumdiagramm und der Pfadregel kann man die Wahrscheinlichkeiten bei 2 Drehungen darstellen (b: blau, w: weiß).

Zu a)
Baumdiagramm (b: blau; w: weiß)

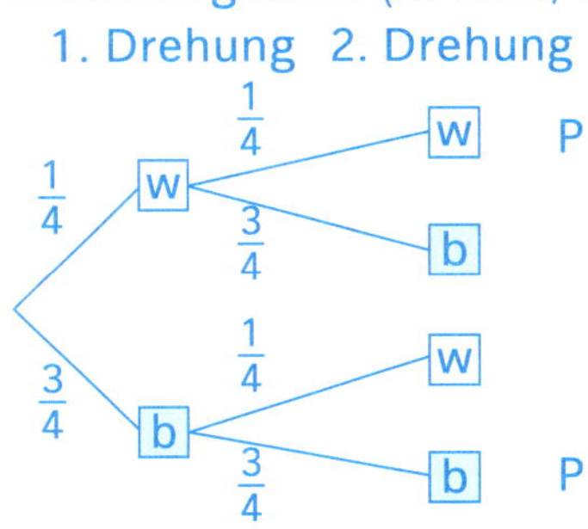

$P(w;w) = \frac{1}{4} \cdot \frac{1}{4} = \frac{1}{16}$

$P(b;b) = \frac{3}{4} \cdot \frac{3}{4} = \frac{9}{16}$

Zu b)
Subtrahiert man von 1 alle Gewinnwahrscheinlichkeiten, erhält man die Wahrscheinlichkeit für einen Verlust.

$P(\text{Verlust}) = 1 - \frac{9}{16} - \frac{1}{16} = \frac{6}{16} = \mathbf{\frac{3}{8}}$

Oder: $P(\text{Verlust}) = P(w;b) + P(b;w)$

$= \frac{1}{4} \cdot \frac{3}{4} + \frac{3}{4} \cdot \frac{1}{4} = \frac{3}{16} + \frac{3}{16} = \frac{6}{16} = \frac{3}{8}$

Zu c)
Bei 400 Spielen kann die Klasse mit ca. 25 Sachpreisen ($25 = 400 \cdot \frac{1}{16}$) und mit 225 Trostpreisen ($225 = 400 \cdot \frac{9}{16}$) rechnen. Diese kosten 200 € und 67,50 €, also insgesamt 267,50 €. Die Klasse hat **400 € Einnahmen** und kann mit einem **Gewinn von 132,50 €** (= 400 € – 267,50 €) rechnen.

http://nale.fi/hzvh

http://nale.fi/bwah

23 Angebote (von S. 50)

Frau Kurt kann für zwei Jahre einen Lottogewinn von 1 000 000,– € sparen. Drei Banken bieten ihr unterschiedliche Zinssätze an:

A 1. Jahr 1,2 %; 2. Jahr 1,7 %
B 1. Jahr 0,9 %; 2. Jahr 2,0 %
C 1. Jahr 1,4 %; 2. Jahr 1,5 %

a) Welche Bank kannst du empfehlen? Begründe.
b) Würdest du die gleiche Bank auch für jeden anderen Sparbetrag empfehlen? Begründe.

Zu a)

① Ein Lösungsweg besteht darin, für jede Bank die jährlichen Zinsen sowie das Kapital nach zwei Jahren zu ermitteln.

	Zinsen für das 1. Jahr	Zinsen für das 2. Jahr	Endkapital
A-Bank	12 000 €	17 204 €	1 029 204 €
B-Bank	9 000 €	20 180 €	1 029 180 €
C-Bank	14 000 €	15 210 €	**1 029 210 €**

Zu empfehlen ist also die **C-Bank.**

② Ein zweiter Lösungsweg betrachtet lediglich die auftretenden Faktoren, mit denen das Anfangskapital entsprechend der Zinsformel multipliziert wird:

A-Bank: $1{,}012 \cdot 1{,}017 = 1{,}029204$
B-Bank: $1{,}009 \cdot 1{,}020 = 1{,}029180$
C-Bank: $1{,}014 \cdot 1{,}015 = \mathbf{1{,}029210}$

Angebot C liefert den größten Faktor, also auch das größte Endkapital:
$1{,}02921 \cdot 1\,000\,000\text{ €} = \mathbf{1\,029\,210\text{ €}}$

Zu b)

Das Angebot der C-Bank ist auch bei jedem anderen Sparbetrag zu empfehlen. Wie die Überlegung unter ② zeigt, bewirkt der größere Faktor den Vorteil der C-Bank und dies unabhängig von der Höhe des Sparbetrages.

Die Summe der Zinssätze beträgt bei allen drei Banken 2,9 %, die Produkte der Zinssätze jedoch sind verschieden. Dieser Zusammenhang lässt sich auch geometrisch interpretieren. Für alle Rechtecke mit derselben Summe von Länge und Breite gilt: Der Flächeninhalt ist umso größer, je geringer der Unterschied zwischen Länge und Breite ist.

1 Berechne jeweils den fehlenden Wert mithilfe der Zinsformel
$Z = K \cdot p\,\% = K \cdot \frac{p}{100}$

	a)	b)	c)
Kapital (K)	1 800 €		3 000 €
Zinssatz (p %)	0,5 %	1,8 %	
Zinsen (Z)		81 €	19,50 €

2 Tom hat seine Ersparnisse für ein Jahr fest angelegt. Am Jahresende erhält er 20 € Zinsen. Wie viel Zinsen würde Tom nach einem Jahr erhalten,

a) wenn er doppelt so hohe Ersparnisse bei doppelt so hohem Zinssatz angelegt hätte?

b) wenn er doppelt so hohe Ersparnisse bei halb so großem Zinssatz angelegt hätte?

c) wenn er nur die Hälfte seiner Ersparnisse bei doppelt so hohem Zinssatz angelegt hätte?

3 Welche Person hat in zehn Jahren den höchsten Zinssatz für ihr Kapital erzielt?

	Anfangskapital	Endkapital
☐ Anja	2 400 €	2 925,59 €
☐ Boris	1 800 €	2 281,77 €
☐ Pia	300 €	348,16 €
☐ Luca	600 €	798,83 €

4 Die Hausverwaltung bietet Frau Winter zwei Formen des Staffelmietvertrags an:

Angebot A: 3,5 % Mieterhöhung im 1. Jahr, 4,5 % im 2. Jahr

Angebot B: 4,5 % Mieterhöhung im 1. Jahr, 3,5 % im 2. Jahr

a) Auf den ersten Blick erscheinen ihr beide Angebote gleich gut. Stimmt das? Begründe.

b) Mit welcher gleich bleibenden prozentualen Mieterhöhung könnte die Hausverwaltung nach zwei Jahren dieselbe Miete erzielen?

1 Die Heini-Klopfer-Skiflugschanze in Oberstdorf gilt als eine der größten Skiflugschanzen der Welt. Sie wird im Volksmund auch „Schiefer Turm von Oberstdorf“ genannt.
Welchen Höhenunterschied hat die Anlaufbahn und wie lang ist diese?

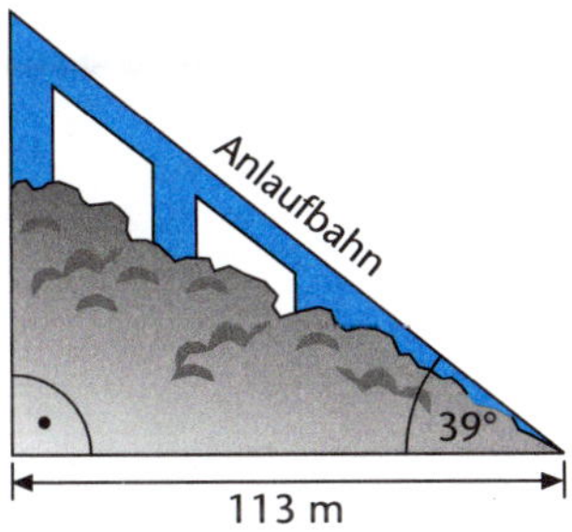

2 Abgebildet ist ein Segelschiff, das von zwei Leuchttürmen angepeilt wird. Wie weit ist es von den beiden Leuchttürmen jeweils entfernt?

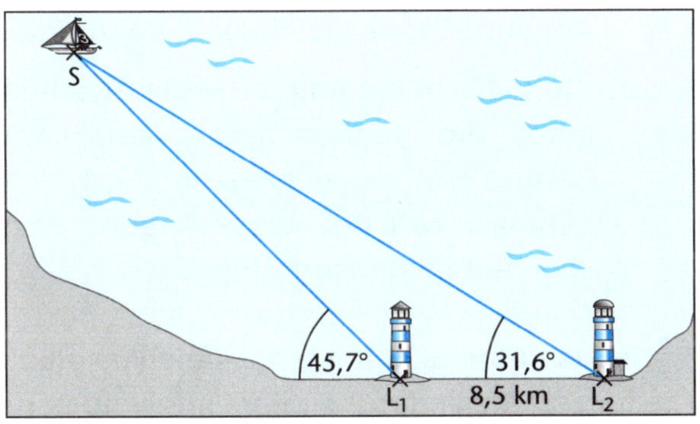

3 Im Maßstab 1 : 5 000 sieht man eine Passstraße von oben. Sie beginnt an Punkt A und erreicht an Punkt B die Passhöhe. Punkt A befindet sich auf einer Höhe von 620 m, die durchschnittliche Steigung beträgt 14 %.
Wie hoch liegt Punkt B und wie weit fährt man von A bis B?

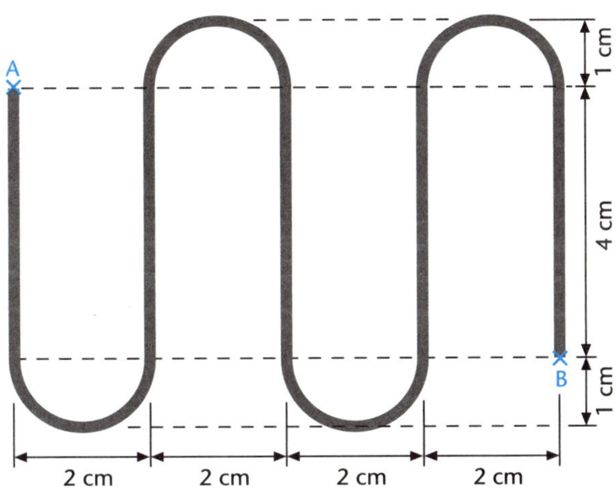

24 Brückenkonstruktion (von S. 51)

http://nale.fi/vvbw

Über den Fluss soll eine Brücke führen, die in A beginnt und B endet. Vermesser haben am unteren Flussufer eine 400 m lange Strecke $\overline{AC}$ abgesteckt und von dort folgende Winkel vermessen:
$\sphericalangle BAC = 67{,}8°$ und $\sphericalangle ACB = 49{,}3°$
Bestimme die Länge der Brücke durch eine maßstäbliche Zeichnung und durch Berechnung.

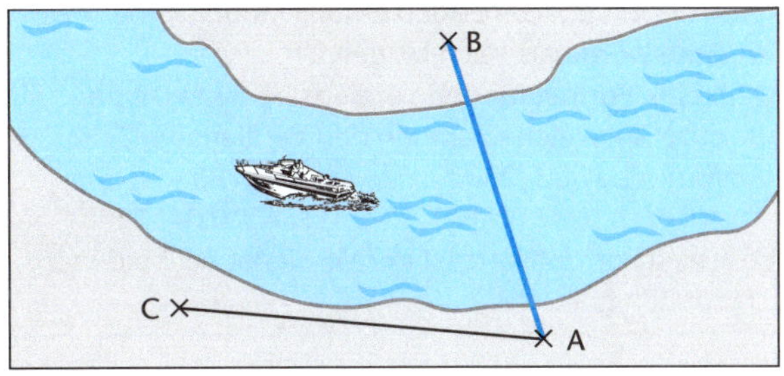

① *Zeichnerische Lösung*
Maßstab 1 : 10 000
(1 cm ≙ 100 m).
Messung: $x = 3{,}4$ cm
In Wirklichkeit:
$\overline{AB} = 3{,}4 \text{ cm} \cdot 10\,000$
$\overline{AB} = 340$ **m**

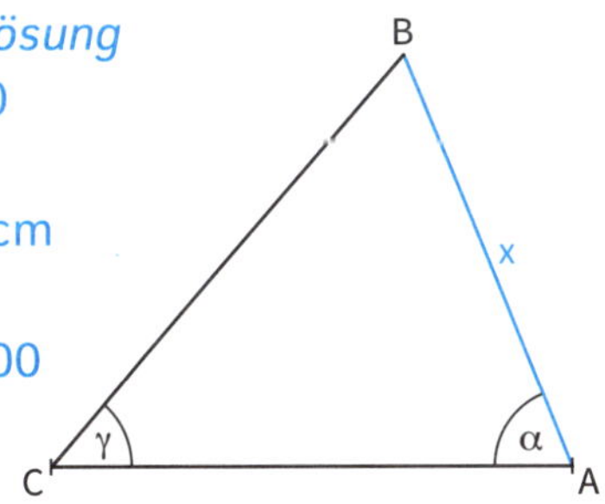

② *Rechnerische Lösung*
$\alpha = \sphericalangle BAC = 67{,}8°$
$\gamma = \sphericalangle ACB = 49{,}3°$
$\beta = 180° - \alpha - \gamma = 62{,}9°$

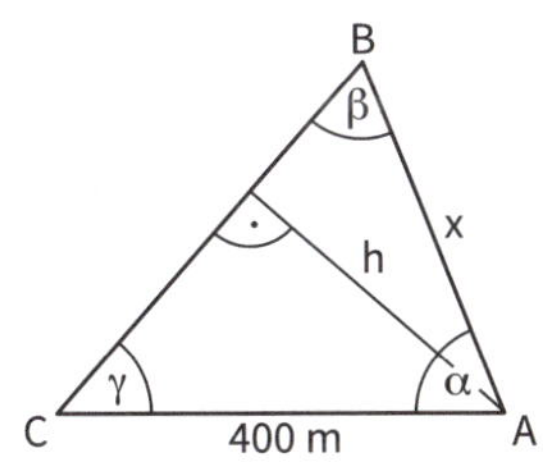

Das Dreieck wird durch die Höhe h in zwei rechtwinklige Dreiecke zerlegt.

$$\sin \gamma = \frac{h}{400 \text{ m}}$$

$$h = 400 \text{ m} \cdot \sin 49{,}3° \approx 303{,}25 \text{ m}$$

$$\sin \beta = \frac{h}{x} = \frac{303{,}25 \text{ m}}{x}$$

$$x = \frac{303{,}25 \text{ m}}{\sin 62{,}9°} \approx 340{,}65 \text{ m}$$

Die Brücke muss rund **341 m** lang werden.

Falls der Sinussatz behandelt wurde, gibt es noch einen kürzeren Weg:

$$\frac{x}{\sin 49{,}3°} = \frac{400 \text{ m}}{\sin 62{,}9°}$$

$$x = \frac{400 \text{ m} \cdot \sin 49{,}3°}{\sin 62{,}9°}$$

$$\mathbf{x \approx 340{,}65 \text{ m}}$$

http://nale.fi/oaos

25 Verdienst (von S. 51)

Herr Berger arbeitet als Verkäufer. Er kann sich in seiner Firma entscheiden, wie sein Verdienst berechnet wird:
Modell 1: 2500 € Grundgehalt plus 4 % Provision vom Umsatz;
Modell 2: kein Grundgehalt, aber dafür 10 % Provision vom Umsatz.

a) Lies aus der Tabelle ab, wie viel Herr Berger bei einem Umsatz von 20000 € nach Modell 1 mehr verdienen würde als nach Modell 2?
b) Gib eine Formel für den Verdienst in Zelle D3 an.
c) Kreuze an, welche Formeln den Verdienst in Zelle C3 liefern. ☐ =B3+2500 ☐ =A3+B3 ☐ =A3*4/100 ☐ =A3*0,04+2500
d) Bei welchem Umsatz ist der Verdienst bei beiden Modellen gleich?

Zu a)
Man kann in Zeile 4 ablesen, dass er bei einem Umsatz von 20000 € nach Modell 2 2000 € verdienen würde und nach Modell 1 3300 €, also **1300 € mehr.**

Zu b)
Der zugehörige Umsatz steht in Zelle A3. 10 % vom Umsatz sind dann =**A3*10/100** oder =**A3*0,1**.

Zu c)
Richtig sind:
☒ =**B3+2500** (Provision + Grundgehalt) und
☒ =**A3*0,04+2500** (mit A3*0,04 als Provision)
Bei der Formel =A3*4/100 wird nur die Provision berechnet, ohne das Grundgehalt.
In der Formel =A3+B3 werden der Umsatz und die Provision addiert.

Zu d)

$$2500\text{ €} + \frac{4}{100} \cdot U = \frac{10}{100} \cdot U$$
$$2500\text{ €} = \frac{6}{100} \cdot U$$
$$250000\text{ €} = 6 \cdot U$$
$$U \approx 41667\text{ €}$$

Bei einem Umsatz von 41667 € verdient man mit beiden Modellen gleich viel.

1 Tim möchte für seinen Umzug einen Transporter mieten. Er vergleicht zwei Angebote.
Angebot A: 0,42 €/Kilometer + 38 € Pauschale
Angebot B: 0,32 €/Kilometer + 66 € Pauschale

	A	B	C
1	Strecke in km	Angebot A	Angebot B
2	50	59,00 €	82,00 €
3	100	80,00 €	98,00 €
4	150	101,00 €	114,00 €
5	200	122,00 €	130,00 €
6	250	143,00 €	146,00 €
7	300	164,00 €	162,00 €
8	350	185,00 €	178,00 €
9	400	206,00 €	194,00 €
10			

a) Welche Formeln liefern das korrekte Ergebnis in Zelle B7?
☐ =A7*0,42 ☐ =A7*0,42+38 ☐ =B3+B5
b) Lies in der Tabelle ab, für wie viele km die Angebote etwa gleich sind. Begründe.
c) Stelle für beide Angebote die Gleichungen auf für die Funktion *Strecke (km)* → *Kosten (€)* und ermittle rechnerisch, für welche Kilometerzahl bei beiden Angeboten die gleichen Kosten anfallen.

2 Tanja untersucht mit einer Tabellenkalkulation die Veränderung des Würfelvolumens beim Anwachsen der Kantenlänge.

	A	B	C	D	E	F	G
1	Kantenlänge a	2	3	4	5	6	7
2	Volumen V	8	27				

a) Durch welche Eingabe berechnet das Programm den Wert in Zelle D2?
b) Welche Zellen würdest du vergleichen, um die folgende Frage zu beantworten: Wie verändert sich das Würfelvolumen, wenn sich die Kantenlänge verdoppelt?

3 Wie entwickelt sich der Preis von 80 € für ein Paar Schuhe, wenn er abwechselnd um 20 % herauf und um 20 % herabgesetzt wird?

	A	B
1	q	80
2	1,2	
3	0,8	
4	1,2	
5	0,8	
6	1,2	
7	0,8	

a) Die Zahl in Zelle B2 wird mit der Formel =B1*A2 berechnet. Erkläre.
b) Erkläre die Zahl in A3.
c) Welche Formel steht in Zelle B5? Welche in Zelle B6?

1 Im Jahr 1834 bekam Frankreich vom Ägyptischen Vizekönig den abgebildeten Obelisken aus Granit geschenkt. Der Obelisk wurde auf einen Sockel gestellt und mit einer 3,6 m hohen goldenen Spitze versehen.

a) Wie hoch ist der Obelisk ungefähr?

b) Durch welche geometrische Form kann das Volumen des Obelisken ungefähr bestimmt werden?

c) Berechne die ungefähre Masse des Obelisken (Dichte Granit: 2,8 Tonnen pro m^3).

2 Im Fan-Shop des Fußballvereins Borussia Dortmund hängt ein Riesen-Trikot.

Wie groß müsste ein Fußballspieler sein, damit ihm dieses Trikot passt?

3

26 Riesentasse (von S. 51)

http://nale.fi/hzwg

In Koblenz steht vor einem Café die rechts abgebildete Riesentasse.

a) Schätze folgende Größen:
Tassenhöhe; oberer/unterer Tassendurchmesser

b) Jenny hat die folgenden drei Körper gezeichnet, um das Volumen der Riesentasse damit abzuschätzen. Welcher der drei Körper wird das beste Ergebnis liefern? Kreuze an und begründe deine Antwort.

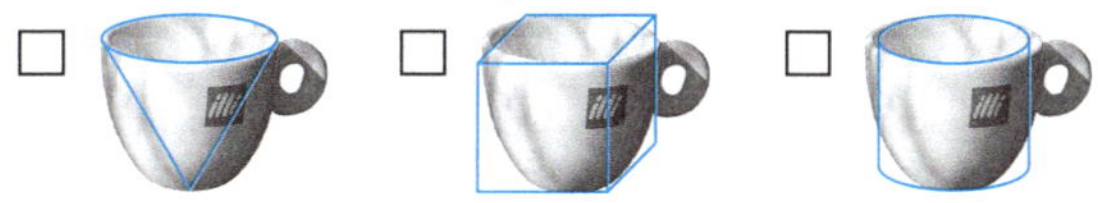

c) Wie teuer wäre ein Cappuccino in dieser Riesentasse, wenn 0,2 l Cappuccino in diesem Café 2,80 € kosten?

Die folgenden Maßangaben beziehen sich auf das Foto vorn im Text. Dabei wird die Tasse mit der vermutlich 1,65 m großen Frau verglichen.

Zu a)
Tassenhöhe: ca. 55 cm
Oberer/unterer Tassendurchmesser:
55 cm/25 cm

Zu b)
Wenn Jenny das Volumen der Riesentasse mit dem Zylinder berechnet, wird das Ergebnis am genauesten das tatsächliche Volumen der Riesentasse beschreiben. Der Zylinder ist oben zwar etwas zu klein, dafür unten aber etwas zu breit. Der Kegel wird einen zu kleinen Wert und der Würfel einen zu großen Wert liefern.

Zu c)
Benutzt man den Zylinder aus Aufgabenteil b), so ergibt sich mit einer Höhe von 55 cm und einem Radius von 20 cm folgendes Volumen:
$V = \pi \cdot r^2 \cdot h = \pi \cdot (20\ \text{cm})^2 \cdot 55\ \text{cm} \approx 69\,115\ \text{cm}^3$
Das entspricht 69,1 l, sodass sich für den Preis des Riesencappuccinos ergibt:

$$\text{Preis}_{\text{Riesencappuccino}} = \frac{69{,}1\ l}{0{,}2\ l} \cdot 2{,}80\ € = \mathbf{967{,}40\ €}$$

Ein Riesencappuccino würde ungefähr 1000 € kosten.

3 Wie viele Vögel sind auf dem Foto links ungefähr abgebildet?

Abschlusstest – Komplexe Aufgaben

1 Neue Preise

a) Vor einem Monat kostete ein BMX-Fahrrad, für das Anna sich interessiert, noch 639 €. Inzwischen ist es 15 % teurer geworden.
Wie hoch ist der neue Preis gerundet auf Euro?

Neuer Preis: ____________

b) Der Preis für einen Sturzhelm wurde von 59 € auf 49 € gesenkt. Berechne die Preisänderung in Prozent. Runde auf ganze Prozent.

Preissenkung: ____________

c) Eine orange Sicherheitsweste kostet nach einer Preissenkung um 5 % jetzt 14,80 €. Wie teuer war sie vor der Preissenkung? Runde auf eine Stelle nach dem Komma.

Alter Preis: ____________

2 Autofarben

Ein Autohändler führt Statistik darüber, welche Fahrzeugfarben von den Käufern bevorzugt werden. Am beliebtesten sind silbergrau und schwarz (s. Tabelle).
Im letzten Jahr verkaufte der Autohändler 228 Autos.

Farbe	Anzahl	Anteil	
		als Bruch	in %
silbergrau	76		
schwarz	57		
Sonstige			

a) Rechne und ergänze die Häufigkeitstabelle. Gib die Anteile als vollständig gekürzten Bruch und in Prozent an.

b) Der Autohändler will in diesem Jahr 300 Autos verkaufen. Mit wie vielen schwarzen Autos kann er dann rechnen?

____

c) Angenommen, die Farbe silbergrau wird mit einer Wahrscheinlichkeit von $\frac{1}{3}$ und die Farbe schwarz mit einer Wahrscheinlichkeit von $\frac{1}{4}$ gewählt. Wie groß ist dann die Wahrscheinlichkeit, dass bei zwei verkauften Autos
(1) beide Autos silbergrau sind,
(2) ein Auto silbergrau und das andere schwarz ist?
Vervollständige und beschrifte zunächst das folgende Baumdiagramm:

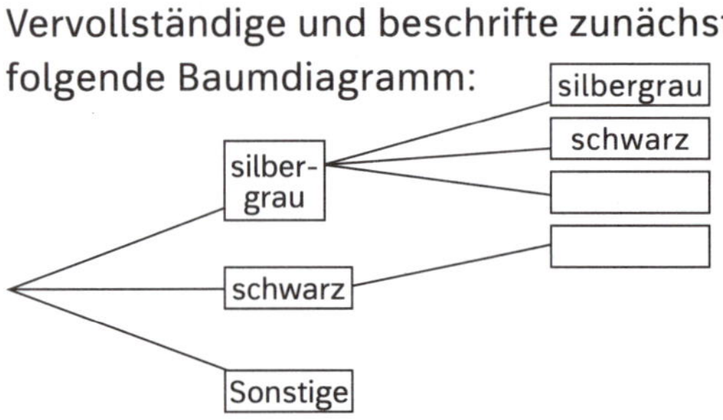

3 Busfahrt

Das Reiseunternehmen „Grenzenlos“ bietet Busfahrten nach Paris an. Die Abbildung zeigt die Tankfüllung des Reisebusses während der Fahrt von Köln nach Paris.

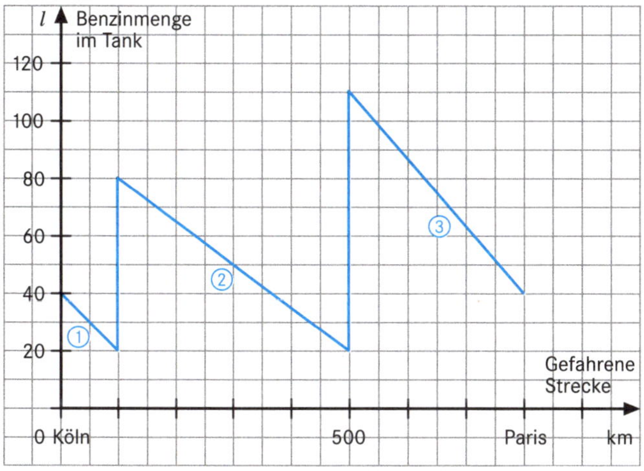

a) Wie oft wurde angehalten, um zu tanken?

____

b) Wie groß ist die Entfernung von Köln nach Paris ungefähr? ______________

c) Auf welcher Teilstrecke ①, ② oder ③ war der Benzinverbrauch pro 100 km am größten?

____

d) Wie viel Liter Benzin verbrauchte der Bus auf der gesamten Fahrt? ______________

4 Behälter mit Kugeln

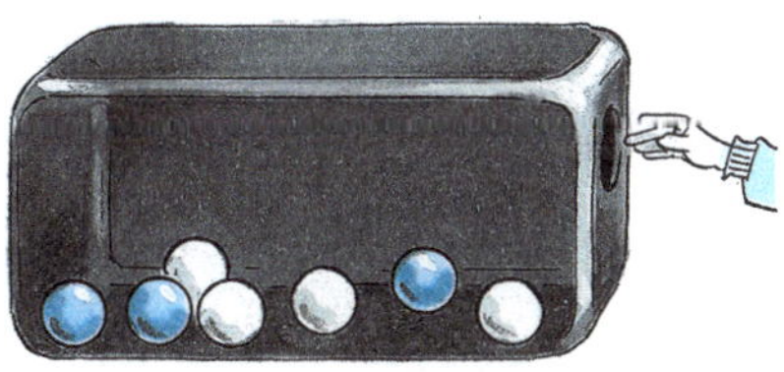

In einem Behälter sind 3 blaue und 4 weiße Kugeln. Marc schlägt Björn folgendes Spiel vor:

> „Du darfst verdeckt nacheinander zwei Kugeln ziehen, ohne die zuerst gezogene Kugel in den Behälter zurückzulegen. Du gewinnst, wenn die beiden Kugeln die gleiche Farbe haben, sonst gewinne ich.“

Zeichne ein Baumdiagramm und berechne die Gewinnchancen.

Baumdiagramm:

Gewinnchance für Marc: ______________

Gewinnchance für Björn: ______________

5 Lotterie

Die 2 000 Lose einer Lotterie setzen sich so zusammen:

- 80 % Nieten
- 15 Hauptgewinne von je 50,00 €
- 4 % Preise von je 6,00 €
- Rest Trostpreise von je 0,50 €

Ein Los kostet 1,00 €.

a) Hat der Losverkäufer recht? Begründe.

____

____

b) Es wurden alle Lose verkauft. Berechne den Gewinn der Lotterie.

____

6 Flugzeug

Nach 26,3 km Flug befindet sich das Flugzeug über Alsburg.

a) In welcher Höhe überfliegt es Alsburg?

____

b) Berechne den Steigungswinkel und gib die Steigung in Prozent an.

____

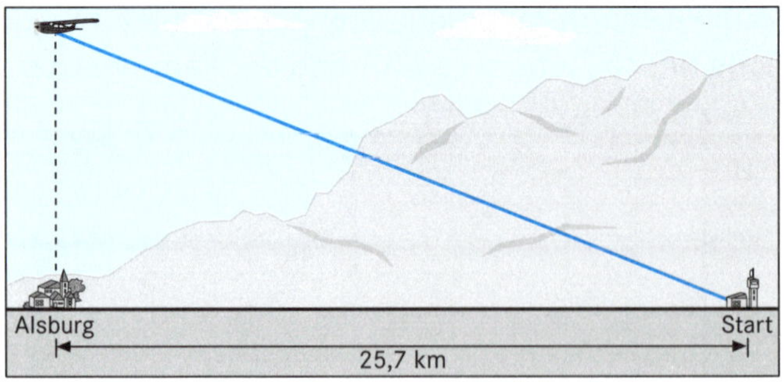

7 CD

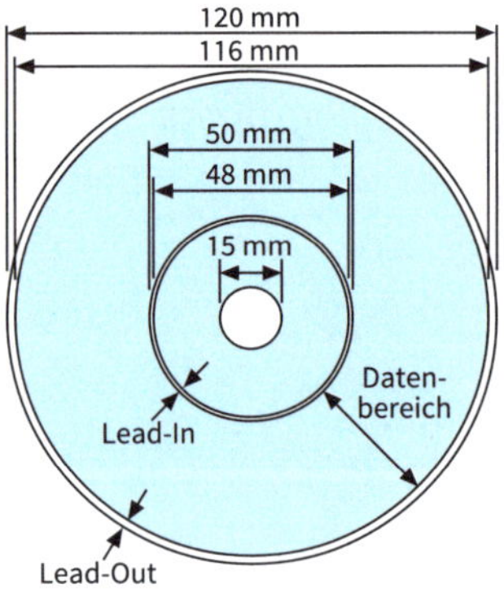

a) Wie groß ist der Datenbereich, also die beschreibbare Fläche einer CD?

____

b) Eine CD wird von innen nach außen beschrieben. Diesen beschriebenen Anteil kann man sehen. Wie weit muss die CD beschrieben sein, damit der Datenbereich zur Hälfte gefüllt ist? (Wann ist die CD „halb voll"?)

____

8 Reisepreis

Ein Reiseveranstalter verlangt bei der Buchung einer Reise sofort eine Anzahlung von 20 % des Reisepreises und vier Wochen vor Abfahrt den Restbetrag.

	A	B	C
1	**Reisepreis (in €)**	**20 % Anzahlung (in €)**	**Restbetrag (in €)**
2	500,00	100,00	400,00
3	750,00	150,00	600,00
4	998,00		
5	1437,00	287,40	1149,60
6			

a) Ergänze in Zeile 4 der Tabelle die Werte für die Anzahlung und den Restbetrag.

b) Gib für die Zellen B4 und C4 Formeln an, mit denen diese Werte berechnet werden können.

B4: ______________________________ C4: ______________________________

9 Ferienplanung

Die vierköpfige Familie Dogan sucht eine Ferienwohnung in Österreich. Die drei abgebildeten Angebote kommen in die engere Wahl.

Ferienwohnung Sonne
70 € pro Nacht • pauschale Nebenkosten (Strom und Endreinigung: 40 € pro Person

Ferienwohnung Alpenblick
Endreinigung EUR 50,00 pro Aufenthalt, keine weiteren Nebenkosten
EUR 80 pro Nacht

Ferienappartement Höhenluft
90 € pro Nacht · Keine weiteren Nebenkosten

a) Beschreibe den Preis y des Angebots „Ferienwohnung Sonne" durch eine Funktionsgleichung (x – Anzahl Nächte).

y = ____________________

b) Stelle die Zuordnungen der drei Angebote im Koordinatensystem dar.

c) Familie Dogan will genau zwei Wochen bleiben. Schlage mithilfe der Grafik vor, für welches Angebot sich die Familie entscheiden sollte.

____

____

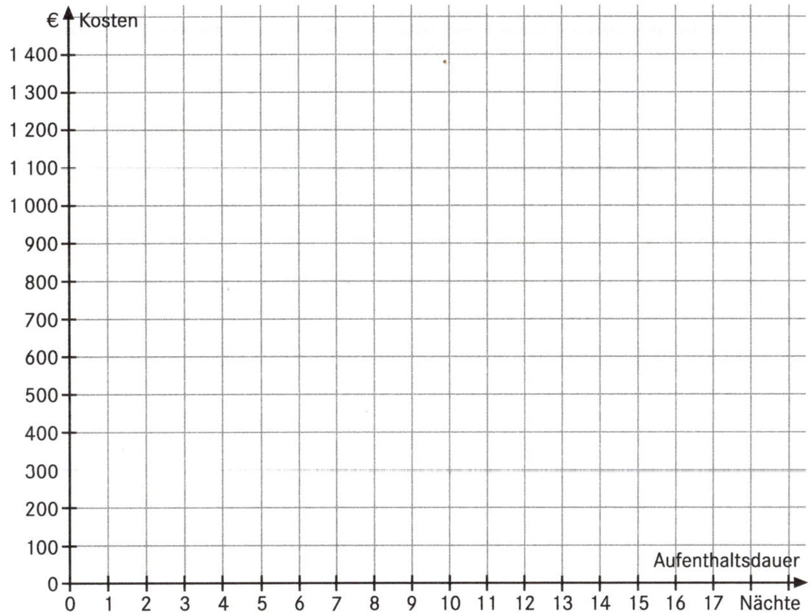

10 Sonnenfinsternis

Am 19. März 2015 berichtete ein Internetdienst:

Stromnetz vor Härtetest
Während der morgigen Sonnenfinsternis werden die Solaranlagen in Deutschland (Gesamtleistung: ca. 18 Gigawatt) maximal 6 Gigawatt liefern. Das sind gerade mal 3 % der normalen Leistung!

Die nebenstehende Meldung ist fehlerhaft. Begründe.

____

____

____

11 Verein

Rechts abgebildet siehst du eine Umfrage unter 325 Jugendlichen, die in ihrer Freizeit Fußball spielen.

	spielen in ihrer Freizeit Fußball	davon im Verein
Mädchen	75	15
Jungen	250	35

a) Wie viel Prozent der befragten Jugendlichen sind auch Mitglied im Fußballverein?

____

b) Helena meint dazu: „Von allen Befragten, die in einem Verein Fußball spielen, sind nur 30 % Mädchen." Stimmt das? Begründe deine Antwort.

____

c) Justus ergänzt: „Wenn Jungen in ihrer Freizeit Fußball spielen, dann sind sie auch deutlich häufiger im Verein als Mädchen, die in ihrer Freizeit Fußball spielen." Hat Justus recht? Begründe.

____

12 Zahlenrätsel

a) Finde zu den Zahlenrätseln eine passende Gleichung und löse sie.

(1) Verdoppelst du die Summe aus dem Fünffachen einer Zahl und 7, so erhältst du das um 53 vermehrte Produkt aus dieser Zahl und –3.	(2) Subtrahierst du von einer Zahl –8, so erhältst du das Fünffache dieser Zahl vermehrt um 64.	(3) Max verringert das Vierfache einer Zahl um 17, Moritz verdreifacht die Differenz zwischen dieser Zahl und 2. Beide erhalten das gleiche Ergebnis.
(A) $2(5x + 7) = -3x + 53$	(D) $x - 8 = 5x + 64$	(G) $4x - 17 = 3x - 2$
(B) $2 \cdot 5x + 7 = -3x + 53$	(E) $x : 8 = 5x + 64$	(H) $4x - 17 = 3(x - 2)$
(C) $2(5x + 7) = -3x \cdot 53$	(F) $x - (-8) = 5x + 64$	(I) $4(x - 17) = 3(x - 2)$

(1) ______ (2) ______ (3) ______

13 Haus mit Pultdach

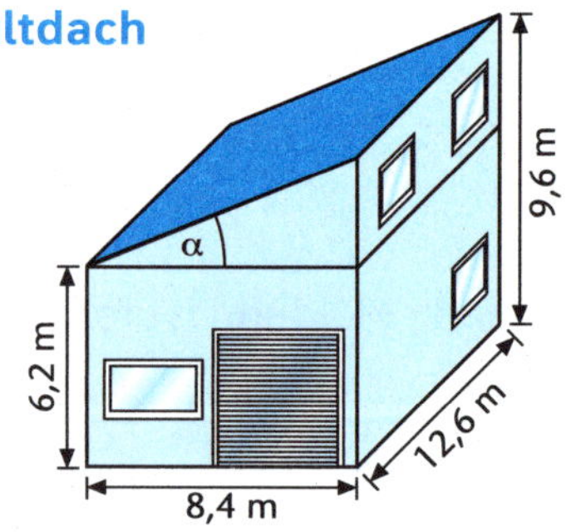

a) Berechne den umbauten Raum des Hauses.

______

b) Wie groß ist der Flächeninhalt der Seitenflächen?

______

c) Berechne den Neigungswinkel α des Daches.

14 Taschengeld

Eine Gruppe von Jugendlichen wurde nach der Höhe ihres monatlichen Taschengeldes befragt. Das Ergebnis wurde in einem Boxplot dargestellt. Formuliere einige Aussagen, die du am Boxplot ablesen kannst. Benutze dabei auch die Begriffe *Spannweite, Median, unteres Quartil, oberes Quartil* und *Streuung*.

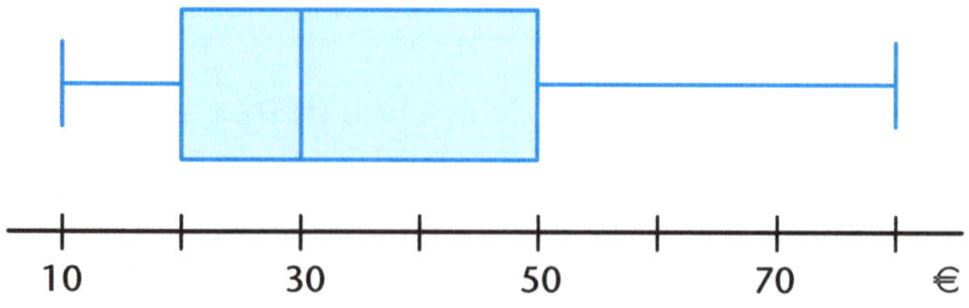

______

______

______

15 Aralsee

Der Aralsee war ein großer, abflussloser Salzsee in Kasachstan und früher der viertgrößte Binnensee der Erde.
Vor etwa 60 Jahren begann der See auszutrocknen. Mittlerweile ist die Austrocknung so stark fortgeschritten, dass der Aralsee in mehrere Teile zerfallen ist.
Das linke Bild zeigt die Größe des Sees im Jahr 1960, das rechte Bild die Größe im Jahr 2010.

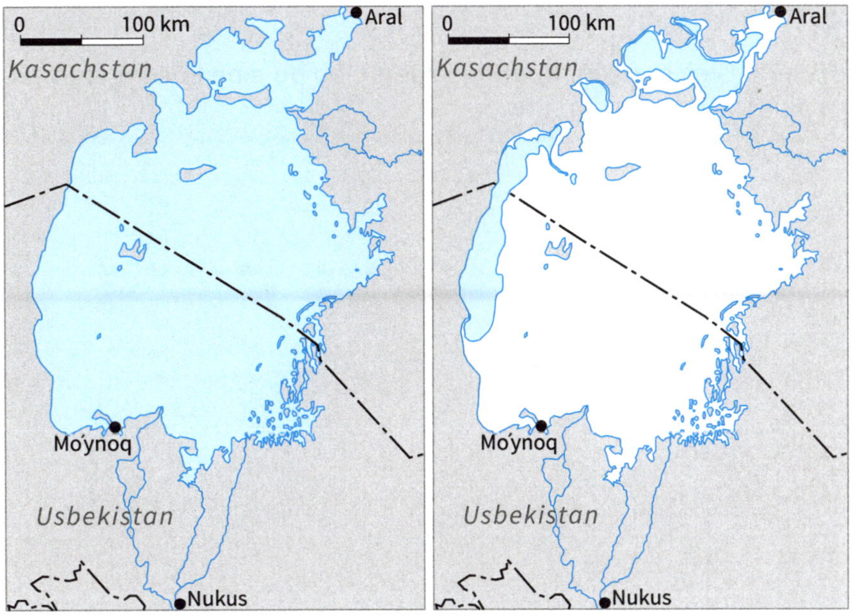

a) Bestimme näherungsweise die Fläche des Sees im Jahr 1960.

____

b) Bestimme näherungsweise die Fläche des Sees im Jahr 2010.
Wie viel Prozent seiner Größe von 1960 hatte der Aralsee zu diesem Zeitpunkt verloren?

____

16 Gesunde Ernährung

Auf Lebensmittelverpackungen finden sich zahlreiche Informationen für den Verbraucher.

1 Portion enthält:
Zucker 4,9 g*
*5,6 % der empfohlenen Tagesmenge eines Erwachsenen

a) Welche Tagesmenge Zucker wird empfohlen?

____

b) Welcher prozentuale Anteil der empfohlenen Tagesmenge an Zucker ist in folgendem Frühstück enthalten?
- eine Scheibe Vollkorntoast mit Butter und Marmelade ______________________
- zwei Scheiben Vollkorntoast mit Schokobrotaufstrich ______________________
- ein Glas Kakaomilch ______________________

Lebensmittel	1 Portion sind:	Zuckergehalt pro Portion (in g)
Vollkorntoast	1 Scheibe	0,5
Butter	Butter für eine Scheibe Toast	0,5
Schokobrotaufstrich	Brotaufstrich für eine Scheibe Toast	10,0
Marmelade	Marmelade für eine Scheibe Toast	15,0
Kakaomilch	1 Glas	20,0

17 Gleichungen

Löse die Gleichungen. Überlege zuerst, ob du eine Lösungsformel brauchst.

(1) $(x + 3) \cdot (8 - 2x) = 0$
Lösungen:

____

(2) $x^2 + 5x = 0$
Lösungen:

____

(3) $3x^2 - 8 = 4$
Lösungen:

____

(4) $2x^2 - 12x + 4 = 18$
Lösungen:

____

18 Gebäude

Das Foto zeigt die Front einer Ausstellungshalle. In dem eingezeichneten Koordinatensystem lässt sich die Außenlinie im oberen Teil durch eine Parabel mit der Funktionsgleichung

$y = -\frac{1}{9}x^2 + 18$

beschreiben (x und y in Meter).

a) Gib die Höhe der Ausstellungshalle (in Meter) an: __________

b) Zeige, dass in einer Höhe von 9 m die Ausstellungshalle genau doppelt so breit wie hoch ist.

c) Berechne die Nullstellen der Parabel und beurteile damit, ob auch im unteren Teil der Außenlinie der Halle die Beschreibung durch diese Parabel geeignet ist.

19 Nerobergbahn

Seit mehr als 120 Jahren fährt in Wiesbaden die Nerobergbahn, die ausschließlich durch Schwerkraft einen Höhenunterschied von 83 m überwindet. Und das geht so: Der talwärts fahrende Wagen zieht den anderen Wagen nach oben. Das nötige Gewicht liefert das sogenannte Ballastwasser, das jeweils der nach unten fahrende Wagen in einem Tank mit sich führt.
Ermittle die Länge der blauen Gleisstrecke von Nerotal nach Neroberg.

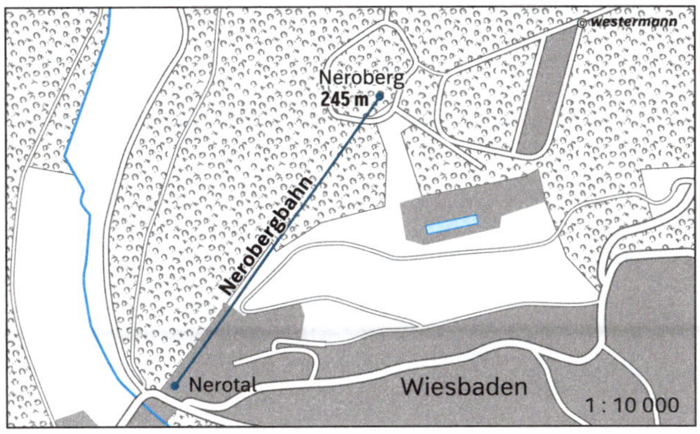

20 Felswand

Um die Höhe einer Felswand zu bestimmen (in der Zeichung die Strecke $\overline{AF}$), wird diese von den zwei Punkten B und C, die 30 Meter voneinander entfernt sind, angepeilt.
Bestimme die Höhe der Felswand durch eine maßstäbliche Zeichnung und durch Berechnung.

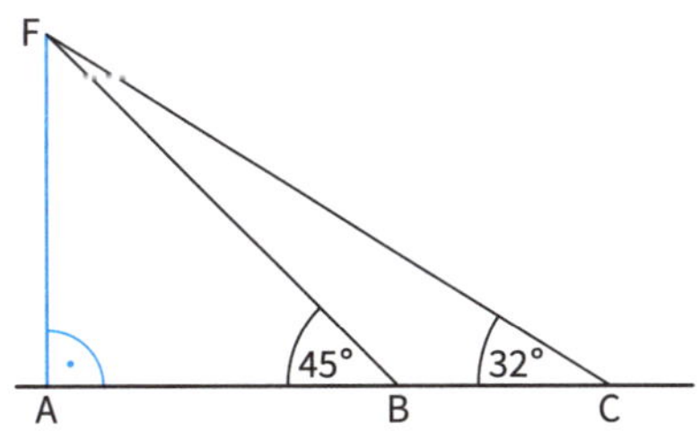

21 Maßänderungen

a) Richtig oder falsch? Korrigiere falsche Aussagen und begründe.
   (1) Verdreifacht man den Radius eines Kreises, verdreifacht sich auch der Umfang.
   (2) Verdoppelt man den Radius eines Kreises, verdoppelt sich auch der Flächeninhalt.

b) Wie verändert sich das Volumen eines Kegels, wenn man seine Höhe und zugleich seinen Radius verdoppelt? Schreibe auf, wie du rechnest.

22 Wucherzins

Private Kredite können teuer werden. Rechts ist der Schuldenverlauf für einen Kredit von 5 000 € dargestellt.

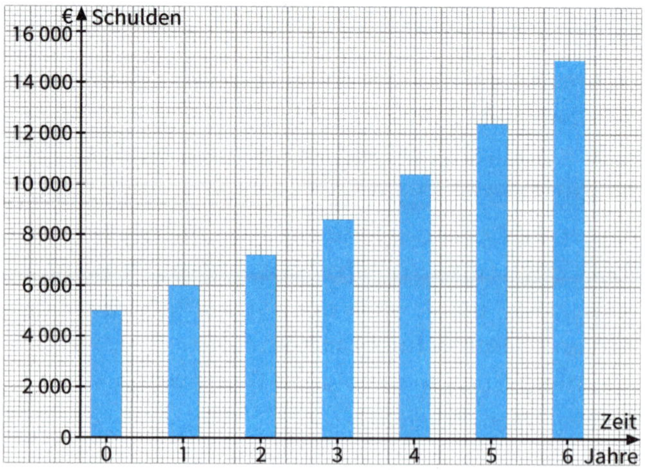

a) Erstelle eine Wertetabelle für die ersten sechs Jahre. (Runde die Euro-Beträge.)

b) Berechne den Zinssatz, den der Kreditgeber verlangt.

c) Es wird nichts zurückgezahlt. Wie lange dauert es, bis die Schulden 30 000 € übersteigen?

23 Sonderpreis

a) Kreuze an, mit welchen Methoden (1), (2) oder (3) der Mofapreis bei Barzahlung richtig berechnet wird.

☐ (1) Man berechnet 15 % von 1 500,– € und subtrahiert das Ergebnis von 1 500,– €.

☐ (2) Man berechnet 85 % von 1 500,– € und zieht noch 3 % des gesenkten Preises ab.

☐ (3) Den Preis bei Barzahlung kann man so berechnen: 1 500 € · 0,85 · 0,97.

b) Was kostet das Mofa bei Barzahlung?

Preis: ______________________

24 Werkstück

In ein zylindrisches Werkstück aus Messing (Dichte $\rho = 8{,}73\ \frac{g}{cm^3}$) sind zwei gleichgroße kegelförmige Vertiefungen gefräst.

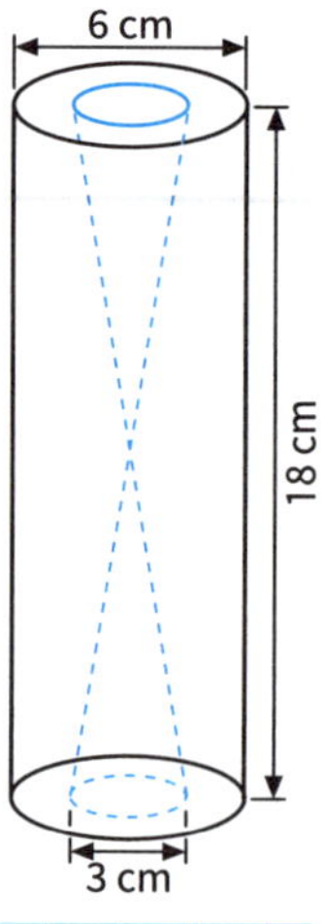

a) Berechne die Masse des Werkstücks.

b) Berechne den Oberflächeninhalt des Werkstücks.

25 Lustige Abfallbehälter

In einem Ort auf Sardinien fordern diese bunten Behälter zur Mülltrennung auf.

a) Schätze folgende Größen:

Höhe h der Behälter (ohne „Kopf“): ____________

Höhe k der Behälter (mit „Kopf“): ____________

oberer Durchmesser d_o: ____________

unterer Durchmesser d_u: ____________

b) Entscheide und begründe, mit welchem der drei abgebildeten Körper sich das Volumen am besten abschätzen lässt.

(1)

(2)

(3)

26 Kugeln

Hier siehst du eine Folge von Figuren, die aus blauen und weißen Kugeln bestehen.

Figur	1	2	3	4	5	6
		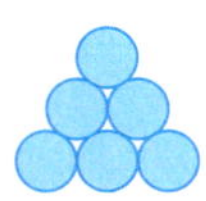	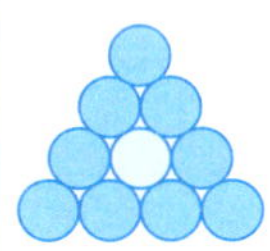	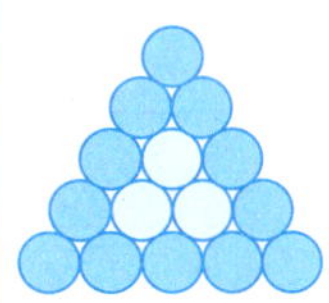	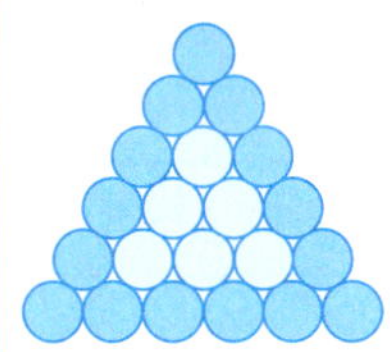	
Anzahl aller Kugeln						
Anzahl der blauen Kugeln						
Anzahl der weißen Kugeln						

a) Skizziere die Figur 6 und fülle die Tabelle aus.

b) Begründe, dass die Anzahl der blauen Kugeln in der n-ten Figur mit dem Term $3 \cdot n$ berechnet werden kann.

____

____

____

____

Die Anzahl aller Kugeln in der Figur n kann mit dem Term $\frac{1}{2} \cdot (n + 2) \cdot (n + 1)$ berechnet werden.

c) Wie viele Kugeln hat die Figur 15 insgesamt? ____________

d) Wie viele weiße Kugeln hat die Figur 20? ____________

Bearbeitungszeit: 1. Prüfungsteil 30 Minuten; 2. Prüfungsteil 90 Minuten

Prüfungsteil I

Aufgabe 1

a) Ordne der Größe nach. Beginne mit der kleinsten Zahl.

$-0{,}7$ $\qquad \frac{7}{100}$ $\qquad -\frac{1}{7}$ $\qquad 0{,}17$

____

b) Miriam behauptet: „65 % sind mehr als $\frac{25}{30}$." Hat Miriam recht? Überprüfe die Behauptung durch eine Rechnung.

Aufgabe 2

In einem Beutel befinden sich 8 rote, 2 blaue und 6 grüne Kugeln.

a) Gib die Wahrscheinlichkeit an, eine blaue Kugel zu ziehen.

b) Bestimme die Wahrscheinlichkeit für das Ereignis „Es wird eine rote oder eine grüne Kugel gezogen".

Antwort: ______________________________

____

____

Aufgabe 3

Eine Kugel hat einen Radius von 6 cm.

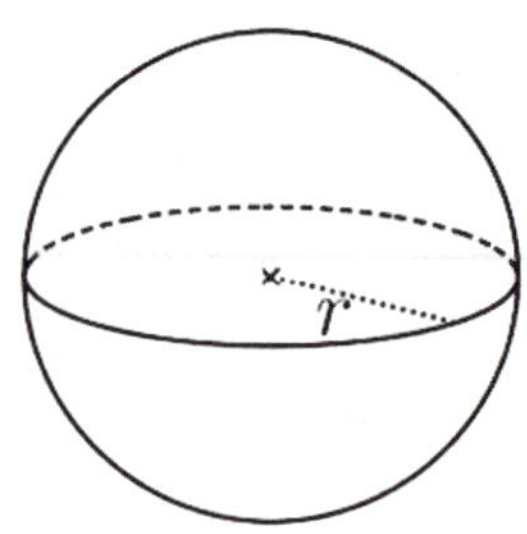

a) Berechne die Oberfläche der Kugel.

b) Sina überlegt: „Wenn ich den Radius verdopple, dann verdoppelt sich auch die Oberfläche." Hat Sina recht? Begründe deine Entscheidung.

____

____

____

Aufgabe 4

Löse das lineare Gleichungssystem. Notiere deinen Lösungsweg.

I $3x + 4y = 22$

II $5x - 4y = -6$

Lösung: x = ______________ y = ______________

Aufgabe 5

Marlon zeichnet mit einer Geometriesoftware den Graphen g der Funktion $g(x) = 2x + b$.
Er erstellt einen Schieberegler, mit dem er den Wert für b verändern kann.

a) Der Schieberegler zeigt den Wert für b nicht an. Gib den Wert für b an.

b = ______________________________

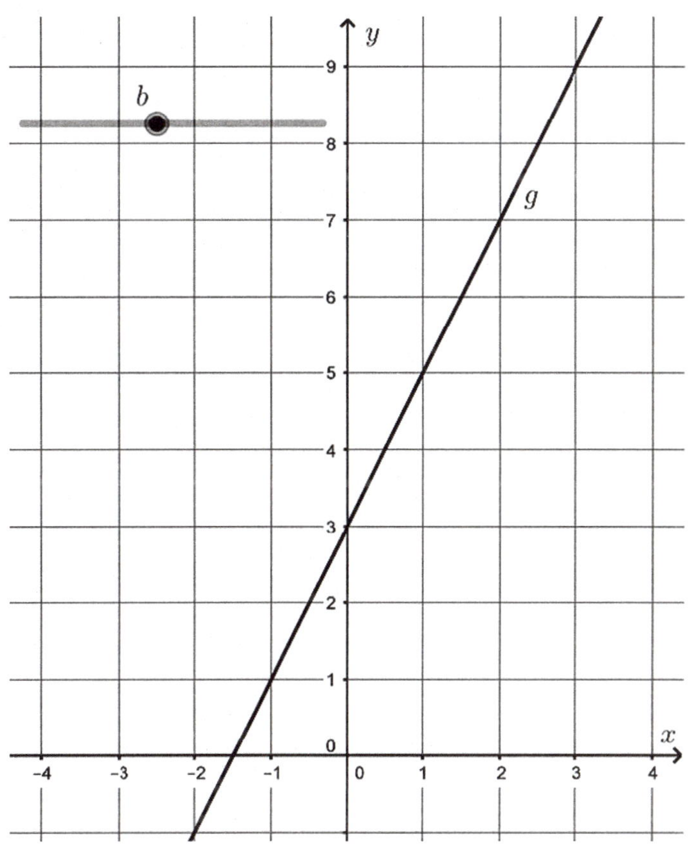

b) Marlon stellt für b den Wert 5 ein. Zeichne den Graphen in das Koordinatensystem.

Prüfungsteil II

Aufgabe 1: Fuldatalbrücke

Max und Justus machen einen Ausflug von Frankfurt zur Fuldatalbrücke in Baunatal (Abbildung 1). Die Freunde gehen zu Fuß zum Bahnhof in Frankfurt. Der Fußweg hat eine Länge von 2,4 km. Sie gehen mit einer durchschnittlichen Geschwindigkeit von vier Kilometern pro Stunde [$\frac{km}{h}$].

Abbildung 1: Fuldatalbrücke

a) Berechne, wie viele Minuten die beiden bis zum Bahnhof benötigen.

Antwort: ______________________________

Die Freunde fahren mit dem Zug um 8:14 Uhr in Frankfurt los und kommen um 11:13 Uhr in Baunatal an. Der abgebildete Graph stellt vereinfacht den Verlauf ihrer Zugfahrt dar (Abbildung 2).

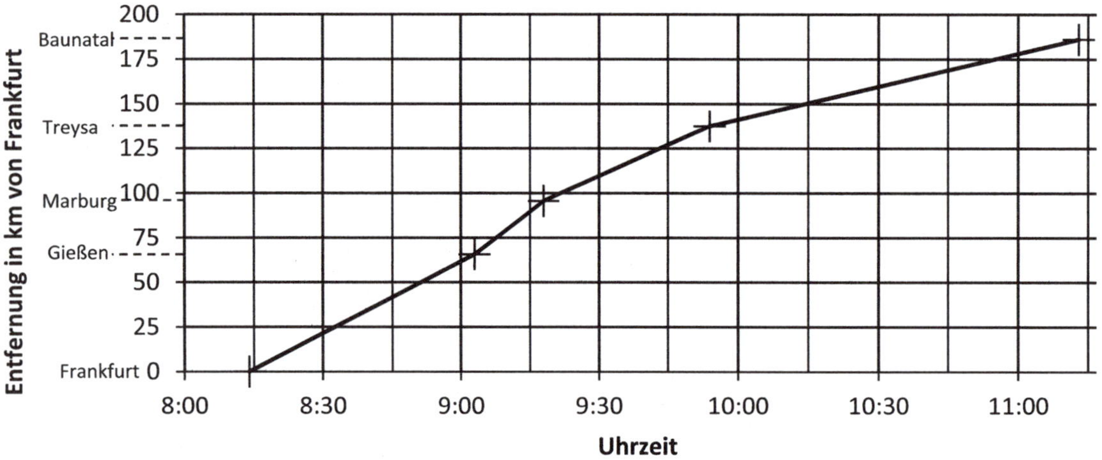

Abbildung 2: Verlauf der Zugfahrt

b) Auf welcher Teilstrecke fährt der Zug mit der höchsten Durchschnittsgeschwindigkeit? Begründe deine Entscheidung.

Antwort: ______________________________

____

Um 8:30 Uhr fährt in Baunatal ein Güterzug nach Frankfurt los. Er fährt die Strecke mit einer durchschnittlichen Geschwindigkeit von 100 Kilometern pro Stunde [$\frac{km}{h}$].

c) Zeichne den Verlauf der Fahrt des Güterzugs in die Grafik ein (Abbildung 2). Entnimm der Grafik den Streckenabschnitt, auf dem sich die beiden Züge begegnen und gib die ungefähre Uhrzeit an.

Antwort: ______________________________

____

____

Der Zug durchfährt Kurven in Schräglage. Um diese Schräglage zu erreichen, werden die Gleise unterschiedlich hoch verlegt (Abbildung 3). Der Neigungswinkel α darf maximal 7,1° betragen.

d) Max behauptet: „Wenn der Neigungswinkel $\alpha = 7{,}1°$ beträgt, dann beträgt der Höhenunterschied der Gleise $u \approx 17{,}7$ cm.“
Hat Max recht? Begründe mit einer Rechnung.

Abbildung 3: Zug in Schräglage

In Daunatal fotografieren Max und Justus die Brücke für den Mathematikunterricht. Der Brückenbogen kann durch eine Parabel g der Form $g(x) = d \cdot (x - e)^2 + f$ angenähert werden (Abbildung 4).

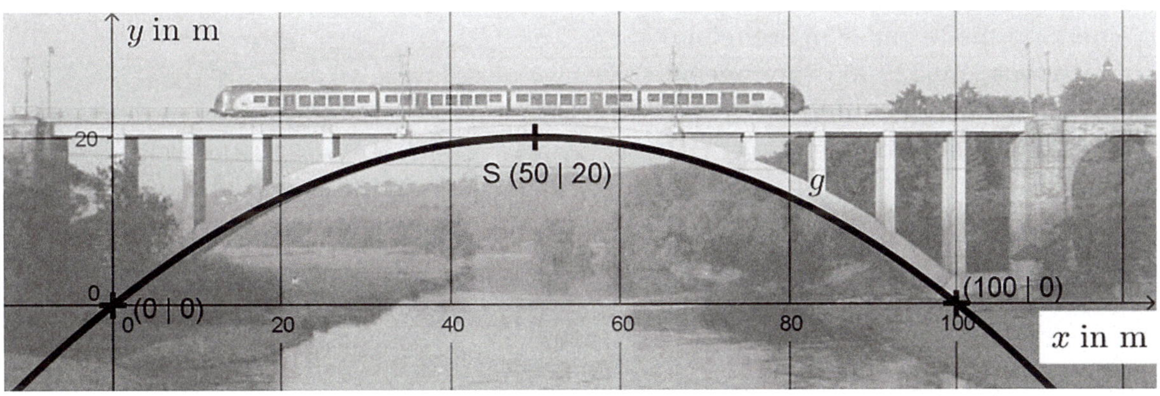

Abbildung 4: Fuldatalbrücke, Brückenbogen durch eine Parabel angenähert, alle Angaben sind in Metern

e) Begründe, dass die Funktionsgleichung $g(x) = -0{,}008 \cdot (x - 50)^2 + 20$ geeignet ist, um den Brückenbogen zu beschreiben.

f) Justus legt den Ursprung des Koordinatensystems in den Scheitelpunkt der Parabel.
Gib die veränderten Werte für e und f an. Wie verändert sich der Wert für d?

e = ________________ f = ________________

d = ________________, weil ____

____

Aufgabe 2: Kaffee

Kaffee ist das Lieblingsgetränk in Deutschland. Im Durchschnitt trinkt jede Person etwa 165 Liter Kaffee im Jahr, davon 5 % aus Pappbechern.

a) Berechne, wie viele Liter Kaffee jede Person durchschnittlich im Jahr aus Pappbechern trinkt.

Antwort: ______________________________

Pro Jahr benutzt jede Person durchschnittlich ca. 34 Pappbecher. In Deutschland leben derzeit ca. 82 Millionen Menschen. Karin behauptet: „Jede Stunde werden in Deutschland ungefähr 320 000 Pappbecher in den Müll geworfen."

b) Hat Karin recht? Begründe.

Die obere Öffnung eines handelsüblichen Pappbechers hat einen Durchmesser von 7 cm.

c) Der Boden einer Sporthalle mit 27 m Breite und 45 m Länge reicht nicht aus, um 320 000 Pappbecher so wie in Abbildung 1 nebeneinander aufzustellen.
Bestätige dies durch eine Rechnung.

Abbildung 1: Pappbecher nebeneinander aufgestellt

Ein Pappbecher hat die Form eines Kegelstumpfes (Abbildung 2).
Das Volumen des Kegelstumpfes lässt sich mit der folgenden Formel berechnen:

$$V = (r_1^2 + r_1 \cdot r_2 + r_2^2) \cdot \frac{\pi \cdot h}{3}$$

d) Der Pappbecher hat folgende Maße:
$r_1 = 3$ cm, $r_2 = 3{,}5$ cm und $h = 8{,}5$ cm.
Bestätige mithilfe der angegebenen Formel, dass das Volumen eines solchen Bechers ca. 280 ml beträgt.

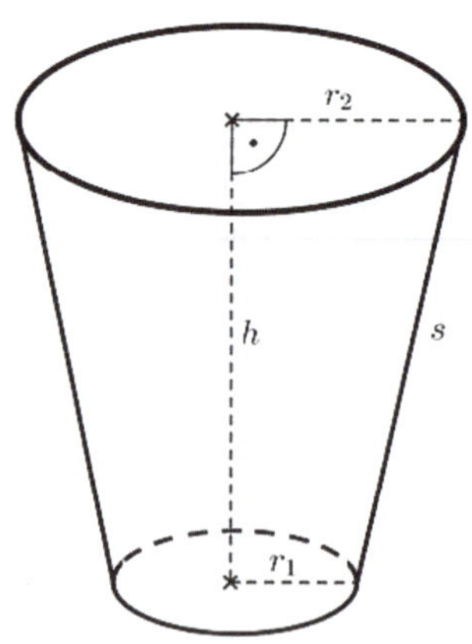

Abbildung 2: Kegelstumpf

e) Karin berechnet das Volumen näherungsweise mit der Formel für den Zylinder. Als Radius nimmt sie den Mittelwert der beiden Radien des Kegelstumpfes, die Höhe bleibt gleich.
Karin behauptet: „Das Ergebnis weicht um weniger als 1 % vom Ergebnis des Kegelstumpfvolumens ab.“ Hat sie recht? Begründe deine Antwort mit einer Rechnung.

Antwort: ______________________________

Karin misst die Temperatur des Kaffees zu verschiedenen Zeiten. Sie stellt die Messwerte graphisch dar (Abbildung 3).
Der abgebildete Graph stellt eine gute Näherung für den Abkühlungsprozess dar.

f) Entscheide, welche Funktionsgleichung zu dem Graphen gehört. Begründe deine Entscheidung.

(I) $T_1(t) = 80 \cdot 0{,}94^t$

(II) $T_2(t) = 0{,}94^t + 80$

(III) $T_3(t) = 80 \cdot 1{,}8^t$

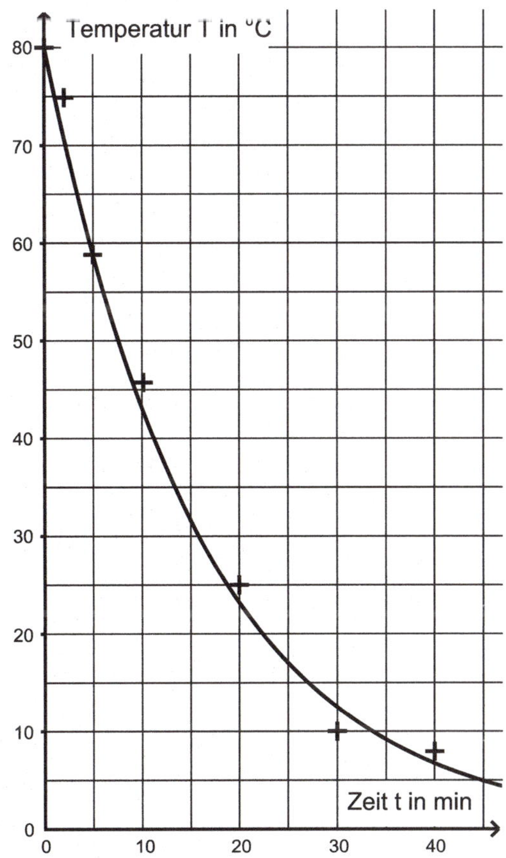

Abbildung 3: Temperatur des Kaffees zu verschiedenen Zeiten

Aufgabe 3: Sierpinski-Dreiecke

Die Sierpinski-Dreiecke entstehen folgendermaßen (Abbildung 1):

- Das Ausgangsdreieck ist ein gleichseitiges Dreieck (Figur 0).
- Die Mittelpunkte der Dreiecksseiten werden miteinander verbunden. Es entstehen vier kleine gleichseitige Dreiecke. Das mittlere Dreieck wird weiß gefärbt (Figur 1).
- Dieser Vorgang wird für alle schwarzen Dreiecke wiederholt (Figur 2, 3, 4, ...).

Abbildung 1: Sierpinski-Dreiecke, Figur 0 bis Figur 4

Jede Seitenlänge des Dreiecks in Figur 0 beträgt 10 cm.

a) Bestätige durch eine Rechnung, dass der Flächeninhalt des Dreiecks in Figur 0 $A_0 = 43{,}3\ \text{cm}^2$ beträgt (Abbildung 2).

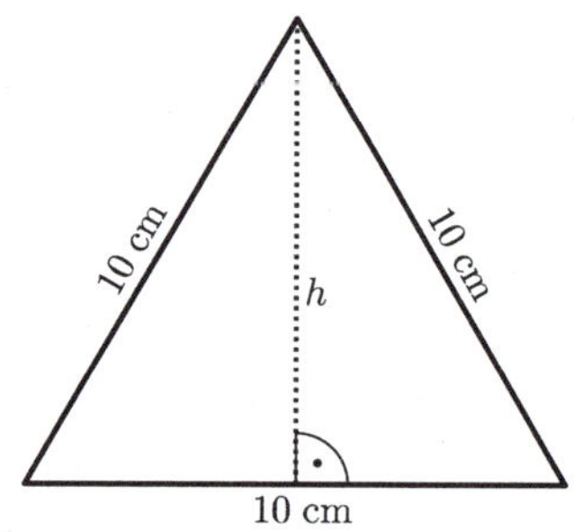

Abbildung 2: Dreieck zu Figur 0

b) Begründe den folgenden Zusammenhang anhand der Abbildung 1:
Der Flächeninhalt aller schwarzen Dreiecke einer neuen Figur beträgt $\frac{3}{4}$ der Fläche der schwarzen Dreiecke der vorherigen Figur.

c) Der Flächeninhalt A_n aller schwarzen Dreiecke in Figur n kann mit folgendem Term berechnet werden:
$43{,}3 \cdot 0{,}75^n$ (in cm^2).
Bei welcher Figur n beträgt der Flächeninhalt aller schwarzen Dreiecke zum ersten Mal weniger als 4 cm^2? Notiere dein Vorgehen.

Vera berechnet mit einer Tabellenkalkulation die Flächeninhalte der schwarzen Dreiecke.

	A	B	C	D	E
1	**Figur**	**Anzahl der schwarzen Dreiecke**	**Fläche eines schwarzen Dreiecks [cm²]**	**Fläche aller schwarzen Dreiecke [cm²]**	**Anteil an der Gesamtfläche**
2	0	1	43,300	43,300	1,000
3	1	3	10,825	32,475	0,750
4	2	9	2,706	24,356	0,563
5	3	27	0,677	18,267	
6	4	81	0,169	13,700	0,316
7	5	243	0,042	10,275	0,237
8	6	729	0,011	7,706	0,178

d) Berechne den fehlenden Wert in Zelle E5. Runde auf drei Nachkommastellen.

e) Betrachte die Zelle D3. Gib eine Formel an, mit der sich der Wert in dieser Zelle berechnen lässt.

= ______________________

f) Die Summe der Flächeninhalte der schwarzen und der weißen Dreiecke ergibt in jeder Figur zusammen $43{,}3\ cm^2$.
Wie entwickeln sich die Flächeninhalte der schwarzen und der weißen Flächen, wenn man die Figuren immer weiter fortsetzt? Beschreibe.

Bearbeitungszeit: 1. Prüfungsteil 30 Minuten; 2. Prüfungsteil 90 Minuten

Prüfungsteil I

Aufgabe 1

a) Berechne die Länge der fehlenden Seite im Dreieck (Abbildung).

Antwort: ____________________________________

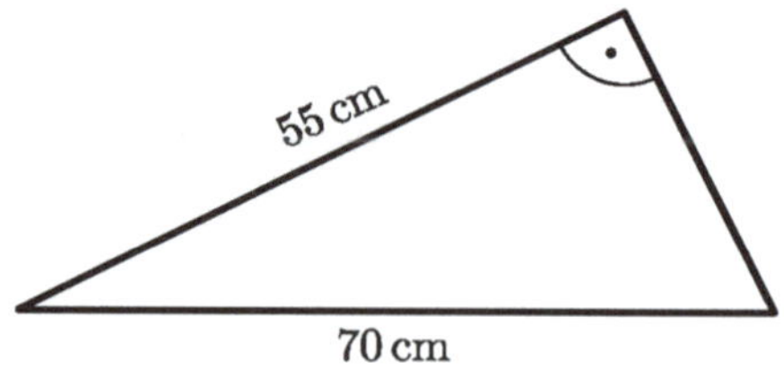

b) Entscheide, ob ein Dreieck mit den Seitenlängen $a = 6$ cm, $b = 8$ cm und $c = 10$ cm rechtwinklig ist. Begründe deine Antwort.

____

____

Aufgabe 2

Vergleiche die Zahlen und setze das Zeichen >, < oder = ein.

$\frac{5}{10}$ ☐ $\frac{5}{7}$ $\quad$ 0,05 ☐ $5 \cdot 10^{-3}$ $\quad$ $-0{,}1$ ☐ $-\frac{1}{10}$

Aufgabe 3

2015 wurde in Deutschland mit Produkten aus Fairem Handel ein Umsatz von 1,14 Milliarden Euro erzielt. Das Kreisdiagramm zeigt die Anteile verschiedener Produkte am Gesamtumsatz des Fairen Handels.

Anteile verschiedener Produkte am Gesamtumsatz des Fairen Handels 2015

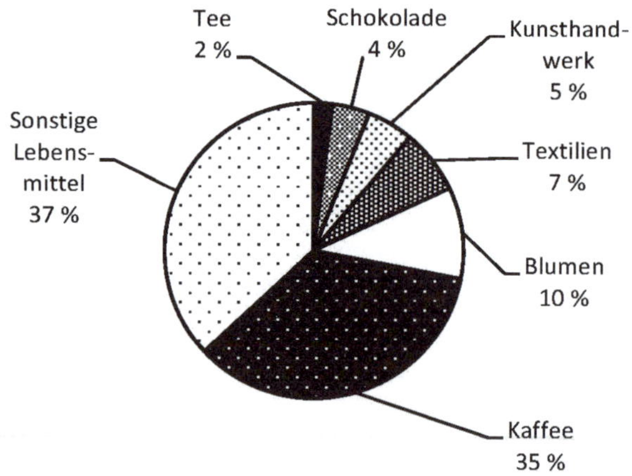

a) Berechne, wie hoch der Umsatz mit Kaffee in Milliarden Euro war.

b) Beurteile die folgenden Aussagen mithilfe des Kreisdiagramms.

Aussage	trifft zu	trifft nicht zu
Ein Zehntel des Gesamtumsatzes wurde mit Blumen erzielt.	☐	☐
Mehr als 40 % des Gesamtumsatzes wurden mit Kaffee und Tee erzielt.	☐	☐
Der Umsatz mit Textilien und Kunsthandwerk war dreimal so hoch wie mit Schokolade.	☐	☐

Aufgabe 4

a) Löse das lineare Gleichungssystem.
Notiere deinen Lösungsweg.

I $2x + y = 14$

II $3x - 2y = 7$

Lösung: x = ________ y = ________

b) Begründe, warum das folgende lineare Gleichungssystem keine Lösung hat.

I $y = 4x + 8$

II $y = 4x + 5$

Antwort: ____

____

Aufgabe 5

Frau Sommer hat ein Bekleidungsgeschäft. Für die Rabattaktion „10 % Rabatt auf alle Pullover" möchte sie die neuen Preise mit einer Tabellenkalkulation berechnen.

	A	B	C	D
1	**Rabatt in %**	**10**		
2	Produkt	alter Preis in €	Rabatt in €	neuer Preis in €
3	Pullover rot	39,99	4,00	35,99
4	Pullover schwarz	44,99	4,50	40,49
5	Pullover mit Kapuze	29,99	3,00	26,99
6	Pullover blau	18,99	1,90	17,09
7	Pullover gestreift	24,99	2,50	22,49

a) Entscheide, mit welchen Formeln man den Wert in Zelle D3 berechnen kann. Kreuze an.

Formel	geeignet	nicht geeignet
=B3*(1+B1/100)	☐	☐
=B3-C3	☐	☐
=B3*(1-B1/100)	☐	☐
=B3+C3	☐	☐

b) Der Wert in Zelle B1 wird erhöht. Wie verändert sich der Wert in Zelle D6?
Beschreibe den Zusammenhang.

Antwort: ____

____

Prüfungsteil II

Aufgabe 1: Schokoladenkugeln

Kara stellt mithilfe einer Form selbst Schokoladenkugeln her. Diese bestehen vollständig aus Schokolade und haben einen Durchmesser von 1,5 cm.

a) Zeige, dass das Volumen einer Kugel ca. 1,77 cm^3 beträgt.

Formel: ______________________

b) Kara will 100 Kugeln aus Vollmilchschokolade herstellen. Ein Kubikzentimeter (cm^3) Vollmilchschokolade wiegt 1,3 Gramm (g).
Wie viel Gramm Schokolade sollte Kara einkaufen, wenn etwa 5 % in den Formen zurückbleiben?
Notiere deine Rechnung und runde sinnvoll.

Antwort: ______________________

____

c) Sie möchte alle Kugeln in rote Aluminiumfolie verpacken. Sie hat quadratische Stücke mit einer Kantenlänge von 5 cm zur Verfügung.
Begründe, dass ein solches Stück Aluminiumfolie geeignet ist, um eine Kugel zu verpacken.

____

____

____

____

Als Geschenk für ihren Opa füllt sie 24 verpackte Schokokugeln in eine Tüte. Davon sind 6 Kugeln aus weißer Schokolade (W) und 6 Kugeln aus Zartbitterschokolade (Z). Die restlichen Kugeln sind aus Vollmilchschokolade (V). Die Kugeln sind von außen nicht zu unterscheiden.

d) Karas Opa nimmt eine Kugel aus der Tüte. Sie ist aus weißer Schokolade.
Begründe, dass die Wahrscheinlichkeit für dieses Ereignis $P(W) = \frac{1}{4}$ beträgt.

____

____

____

e) Er isst die Kugel auf und nimmt erneut eine Kugel aus der Tüte.
Wie hoch ist die Wahrscheinlichkeit, dass diese Kugel wieder aus weißer Schokolade ist?
Ergänze den fehlenden Eintrag in dem Baumdiagramm.

f) Kara hat noch eine weitere Tüte mit 24 Kugeln gleicher Verteilung für ihre Oma mitgebracht. Die Oma nimmt zwei Kugeln aus der Tüte.
Berechne die Wahrscheinlichkeit, dass davon eine Kugel aus weißer Schokolade und eine Kugel aus Vollmilchschokolade ist.

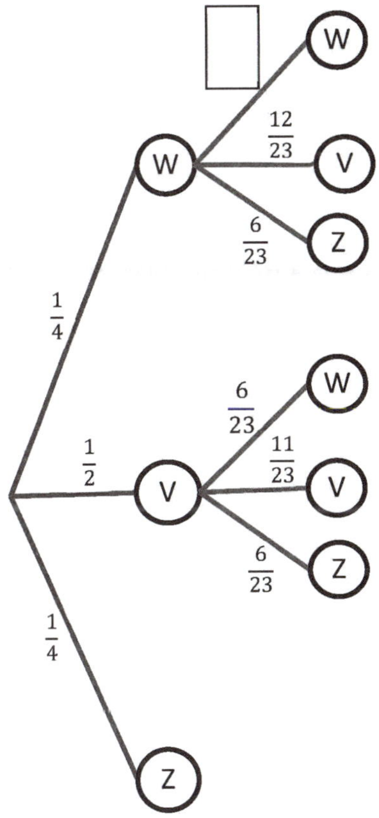

Verkürztes Baumdiagramm

Aufgabe 2: Quadrate

Anna und Hussam zeichnen nach einem bestimmten Muster Figuren aus grauen und weißen Quadraten.

Figur 1	Figur 2	Figur 3	Figur 4

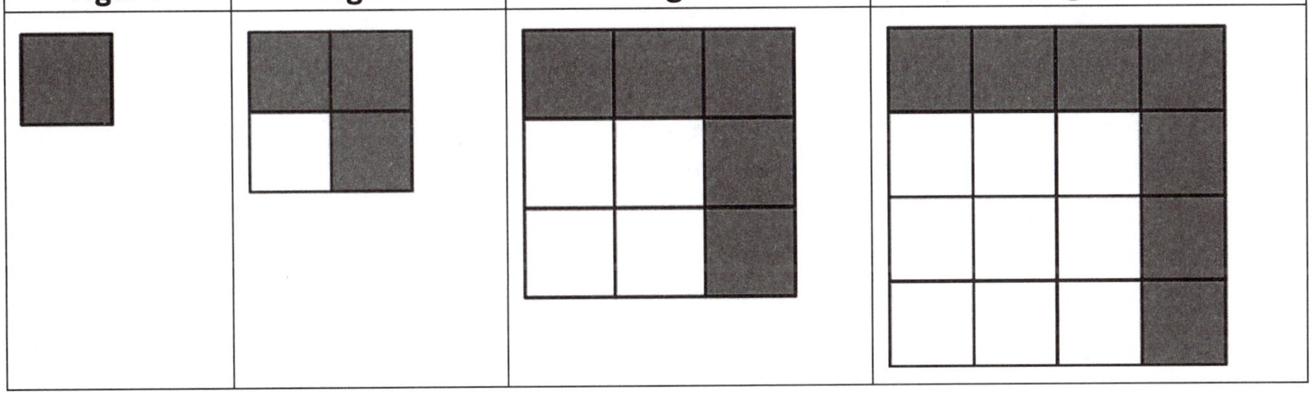

a) Die Figuren werden fortgesetzt. Skizziere Figur 5.

b) Ergänze die fehlenden Werte in der Tabelle.

Figur	5	6	7
Anzahl aller Quadrate		36	
Anzahl der weißen Quadrate			
Anzahl der grauen Quadrate			13

c) Begründe, dass Hussams Aussage richtig ist: „Die Anzahl der weißen Quadrate beträgt bei keiner Figur genau 200.“

Antwort: ____

____

Die Anzahl der grauen Quadrate wird mit jeder Figur größer. Anna und Hussam stellen jeweils einen richtigen Term auf, mit dem sie die Anzahl der grauen Quadrate in Figur n berechnen können:

Anna: $n^2 - (n - 1)^2$ Hussam: $2 \cdot n - 1$

d) Zeige durch Termumformungen, dass die Terme von Anna und Hussam gleichwertig sind.

e) Beschreibe für einen der beiden Terme, wie damit die Anzahl der grauen Quadrate berechnet wird.

Antwort: ____

____

____

f) Entscheide, ob die Anzahl der grauen Quadrate linear, quadratisch oder exponentiell zunimmt. Begründe deine Antwort.

Die Zunahme erfolgt ____________________ *, weil …*

____

____

g) Anna behauptet: „Die Anzahl der weißen Quadrate wächst schneller als die Anzahl der grauen Quadrate.“ Hat Anna recht? Begründe deine Antwort.

Antwort: ____

____

____

Aufgabe 3: Gletschereis-Brücke

Am Moreno-Gletscher in Argentinien gab es eine Brücke aus Eis. Sie entstand, weil Wasser den Gletscher unterhöhlt hat. Am 10.03.2016 ist die riesige Eis-Brücke eingestürzt (siehe Fotostrecke).

Der Brückenbogen konnte annähernd mit einer Parabel beschrieben werden (Abbildung 1).

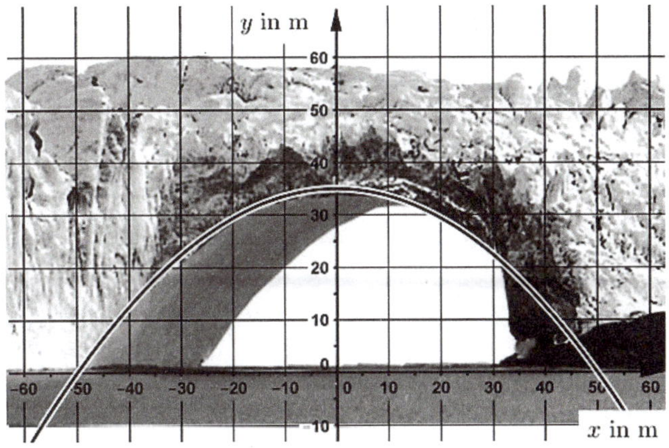

Abbildung 1: Eis-Brücke am Moreno-Gletscher, Bogen durch eine Parabel angenähert

a) Entnimm der Abbildung 1 die Höhe h über dem Wasserspiegel und die Spannweite des parabelförmigen Brückenbogens.

Höhe: ______________________________

Spannweite: ______________________________

b) Bestimme die Funktionsgleichung der Parabel, die den Brückenbogen beschreibt, in der Form: $f(x) = ax^2 + c$.

Rico möchte schätzen, wie viele Kubikmeter Eis bei dem Einsturz der Brücke ins Wasser fielen. Er kann aber Flächen, die durch eine Parabel begrenzt werden, nicht berechnen. Deshalb zeichnet er Hilfslinien ein (Abbildung 2) und fertigt eine Skizze an (Abbildung 3).

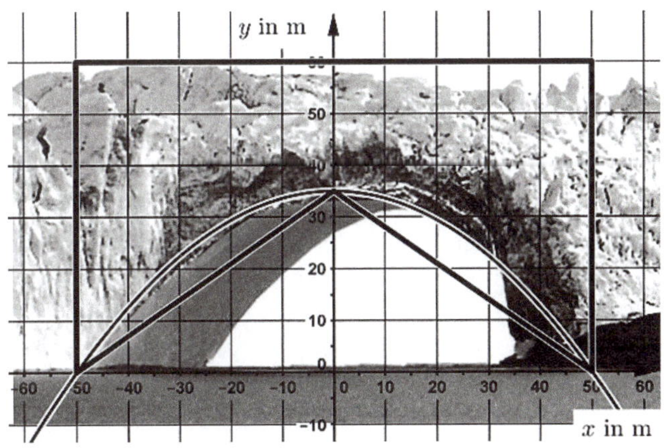

Abbildung 2: Hilfslinien zur Idee von Rico

c) Wird mit Ricos Idee die eingestürzte Eismenge zu groß oder zu klein geschätzt? Begründe deine Entscheidung.

Antwort: ______________________________

____

____

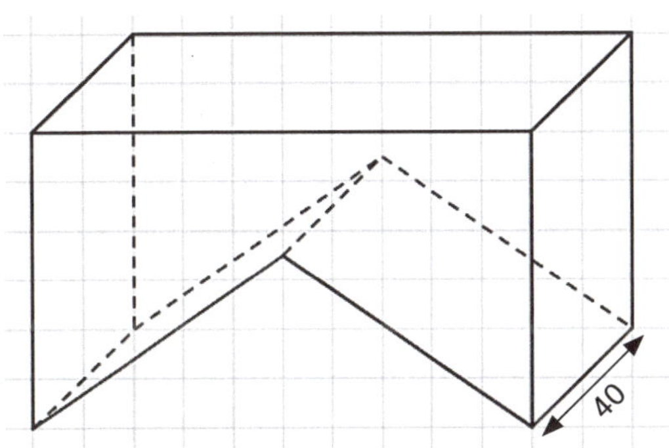

Abbildung 3: Skizze zur Berechnung

d) Berechne die eingestürzte Eismenge nach Ricos Idee.

Antwort: ______________________________

e) Rico möchte die eingestürzte Eismenge besser abschätzen. Dazu möchte er die Fläche, die durch die Parabel begrenzt wird, genauer bestimmen. Beschreibe eine Möglichkeit, wie du diese Fläche genauer bestimmen kannst. Du brauchst keine Rechnung durchführen.

Antwort: ______________________________

____

Bearbeitungszeit: 1. Prüfungsteil 30 Minuten; 2. Prüfungsteil 90 Minuten

Prüfungsteil I

Aufgabe 1

Ordne die Zahlen der Größe nach. Beginne mit der kleinsten Zahl.

$-\frac{1}{3}$; 0,4; $\frac{6}{10}$; $-\frac{1}{4}$ ________ < ________ < ________ < ________

Aufgabe 2

a) Berechne die Oberfläche des abgebildeten Kegels.

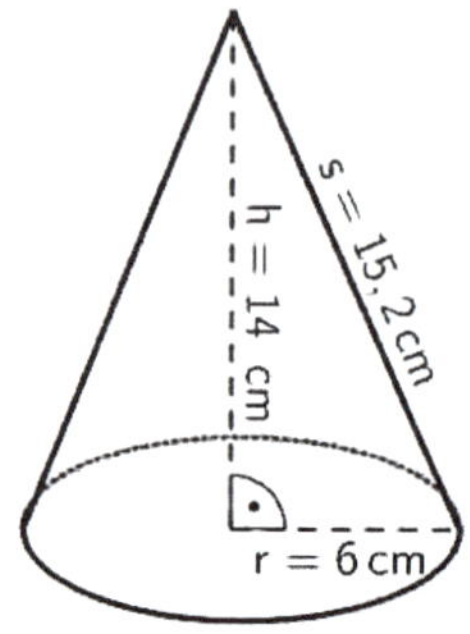

b) Sebastian behauptet: „Wenn ich den Radius verdoppele, verdoppelt sich auch das Volumen des Kegels." Weise nach, dass Sebastians Behauptung falsch ist.

Aufgabe 3

Familie Zappa möchte sich eine neue Küche kaufen und hat von ihrer Bank ein Angebot zur Finanzierung bekommen. Mit einer Tabellenkalkulation stellt Frau Zappa einen Finanzierungsplan auf.

	A	B	C	D	
1	***Finanzierungsplan für eine Küche***				
2	Kreditsumme in €	3000,00			
3	jährliche Rate in €	555,00			
4	Zinssatz pro Jahr in %	3,62			
5					
6		1. Jahr	2. Jahr	3. Jahr	4. J
7	Schulden zu Jahresbeginn	3000,00	2553,60		
8	Zinsen pro Jahr	108,60	92,44		
9	Rate pro Jahr	555,00	555,00		
10	Restschuld am Jahresende	2553,60	2091,04		
11		Alle Werte in Euro (€).			

a) Gib eine geeignete Formel für die Zelle C8 an.

____

b) Berechne die Restschuld am Ende des dritten Jahres.

Antwort: ______________________________

____

Aufgabe 4

Bestimme den Wert der Unbekannten x. Notiere deine Rechnung.

$12x - 5 = 3x + 13$

Aufgabe 5

Eine Tüte mit 125 g Plätzchen kostet bisher 1,49 €.
Ein Supermarkt wirbt mit dem folgenden Plakat:

> ***Sonderangebot:***
> 125 g + 20 % mehr Inhalt
> für nur 1,89 €

a) Berechne, wie viel Gramm Plätzchen im Sonderangebot verkauft werden.

Antwort: ____________________

b) Ist das Sonderangebot im Vergleich zu vorher günstiger?
Begründe deine Entscheidung.

Antwort: ____________________

____

____

Aufgabe 6

Wie viele Kugeln passen näherungsweise in die zylindrische Tasse, wenn diese ganz gefüllt wäre?
Beschreibe, wie du dies abschätzt.

Antwort: ____________________

____

____

____

____

____

____

____

Prüfungsteil II

Aufgabe 1: Wurfparabel

Antje möchte einen Basketballkorb an der Hauswand aufhängen. In der Aufbauanleitung findet sie eine Skizze mit Maßen. Die obere Kante der Rückwand soll in einer Höhe von 3,95 m angebracht werden.
In Sporthallen hängen die Korbringe üblicherweise in einer Höhe von 3 m.

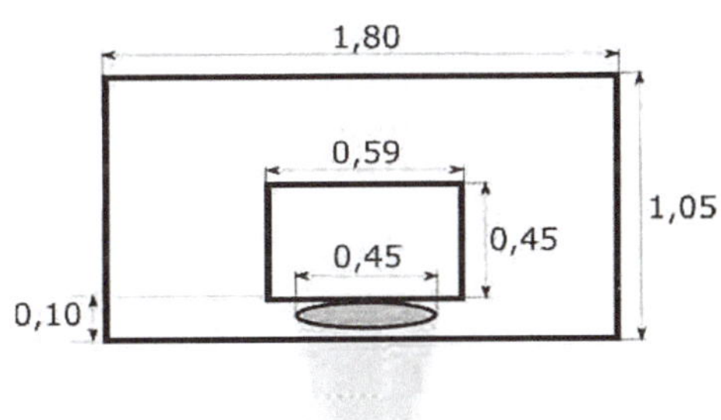

Abbildung 1: Basketballkorb mit Rückwand

a) Zeige, dass sich Antjes Korbring ebenfalls in 3 m Höhe befinden wird.

Antje steht mindestens 4 m von ihrem Basketballkorb entfernt und übt Korbwürfe. Sie hält ihre Würfe mit Videoaufnahmen fest. Die Flugbahn des abgebildeten Wurfes kann näherungsweise durch die Funktion $f(x) = -0{,}4x^2 + 1{,}7x + 1{,}9$ beschrieben werden (Abbildung 2).

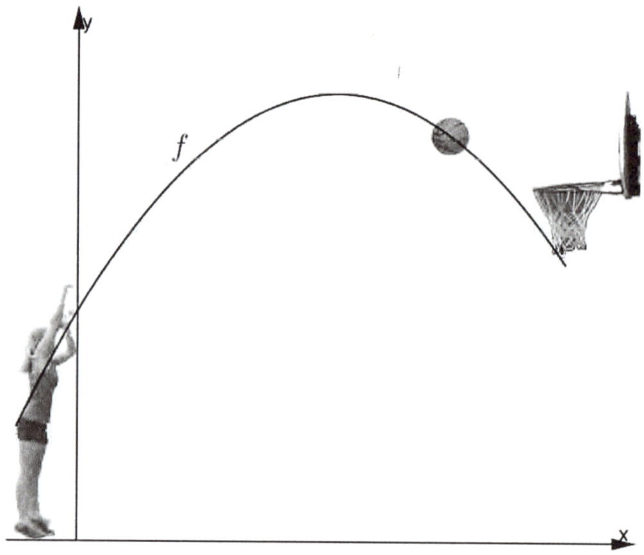

Abbildung 2: Videoanalyse am PC

b) Bestimme, aus welcher Höhe Antje den Ball abwirft.

Antwort: ______________________________

____

c) Berechne, wie hoch der Ball maximal bei diesem Wurf fliegt.

Antwort: ______________________________

____

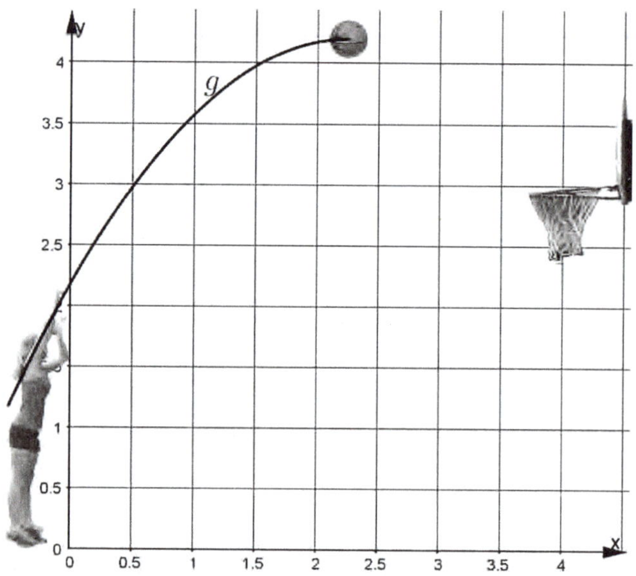

Abbildung 3: Veränderter Wurf zu Aufgabe d)

d) Antje verändert ihren Wurf und wirft dabei aus 2,25 m Höhe ab. Die Flugbahn g ist nur bis zum höchsten Punkt abgebildet (vgl. Abbildung 3).
Trifft Antjes Ball in den Korb? Begründe deine Entscheidung mithilfe des abgebildeten Graphen.

Antwort: ______________________________

____

____

Antje hält ihren neuen Basketball auf 2 m Höhe und lässt ihn auf den Boden fallen. Nach jeder Bodenberührung springt der Ball auf jeweils 70 % der Höhe des letzten Sprunges zurück.

e) Wie hoch springt der Ball nach zwei Bodenberührungen?

____

Antwort: ______________________________

f) Der Hersteller wirbt damit, dass der Ball bei einem Fall aus 2 m Höhe nach 10 Bodenberührungen noch 10 cm hochspringt. Überprüfe die Herstellerangabe.

Antwort: ______________________________

____

____

g) Gib einen Term an, mit dem du die Rückprallhöhe eines Basketballs bei einem Fall aus 2 m Höhe für eine beliebige Anzahl von Bodenberührungen berechnen kannst.

____

Aufgabe 2: Freizeitpark

Die Mitglieder eines Sportvereins unternehmen einen Ausflug in einen großen Freizeitpark. 82 Jugendliche sowie 10 Betreuerinnen und Betreuer nehmen als Gruppe an dem Ausflug teil. An der Kasse des Parkeingangs hängen die Preisinformationen aus (vgl. Tabelle).

Eintrittspreise Freizeitpark	
Preis pro Person	*26,00 €*
*Preis pro Person in einer Gruppe** *(ab 8 Personen)*	*23,00 €*
** Pro 10 Personen erhält eine Person freien Eintritt.*	

Tabelle: Einzelpreise im Überblick

a) Berechne den Eintrittspreis, den die Gruppe zahlen muss.

In dem Freizeitpark ist die große Achterbahn eine der Hauptattraktionen. Abbildung 1 zeigt die höchste und steilste Abfahrt dieser Achterbahn. Der Verlauf der Abfahrt wird durch die beiden eingezeichneten Strecken $\overline{EC}$ und $\overline{CZ}$ angenähert.

b) Vor der Achterbahn steht die Information: „Höchste Abfahrt aus mehr als 48 Metern Höhe."
Überprüfe rechnerisch, ob diese Angabe richtig ist.

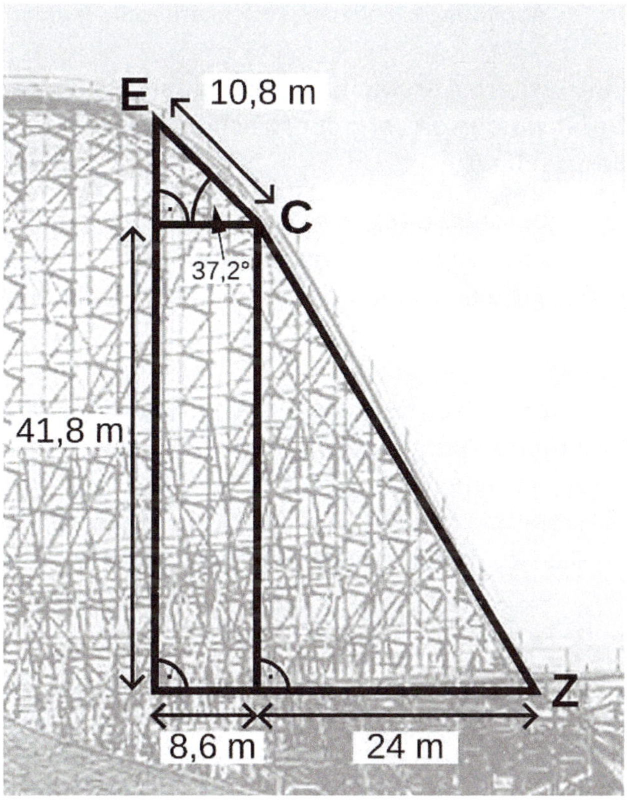

c) Bestätige mit einer geeigneten Rechnung, dass der eingezeichnete Winkel von 37,2° korrekt angegeben ist.

d) Paul behauptet: „Das Gefälle vom Punkt C bis zum Punkt Z ist kleiner als 100 %."
(1 % Gefälle bedeutet einen Abfall der Höhe von 1 m auf eine horizontale Länge von 100 m.)
Hat Paul recht? Begründe deine Entscheidung!

Antwort: ______________________________

____

Abbildung 2: Foto des Kettenkarussells (links), Skizze zur Auslenkung des Kettenkarussells (rechts)

Eine weitere Attraktion im Freizeitpark ist ein sehr hohes Kettenkarussell. Mit zunehmender Geschwindigkeit vergrößert sich der Winkel α und damit der Abstand der Fahrgäste von der Karussellmitte.

e) Im Betrieb bewegen sich die Fahrgäste mit einer Geschwindigkeit von ca. 19,4 $\frac{m}{s}$ auf einer Kreisbahn und benötigen für eine Umdrehung 4,2 s.
Ermittle den Umfang der Kreisbahn, auf der sich die Fahrgäste bewegen.

____

f) Wenn sich das Karussell dreht, überquert es eine kreisförmige Fläche auf dem Boden. Diese Fläche wird bei der maximalen Geschwindigkeit des Karussells am größten. Dabei ist der Winkel α etwa 58° groß (vgl. Abbildung 2, rechts). Die größte Fläche wird mit einem Zaun abgesperrt.
Erstelle einen Lösungsplan, wie du die erforderliche Länge des Zauns bestimmen kannst.
Die Rechnungen musst du nicht ausführen.

Aufgabe 3: Eiszeit

In der Innenstadt hat eine neue Eisdiele aufgemacht. Jede Kugel kostet 1 €. Diese wirbt mit einem ungewöhnlichen Angebot: „Drehe an dem Glücksrad und du kannst den Preis deiner Kugeln halbieren oder sogar eine Kugel gratis bekommen."

Die Freunde Nils, Leo und Paul möchten sich dort ein Eis kaufen und spielen mit.

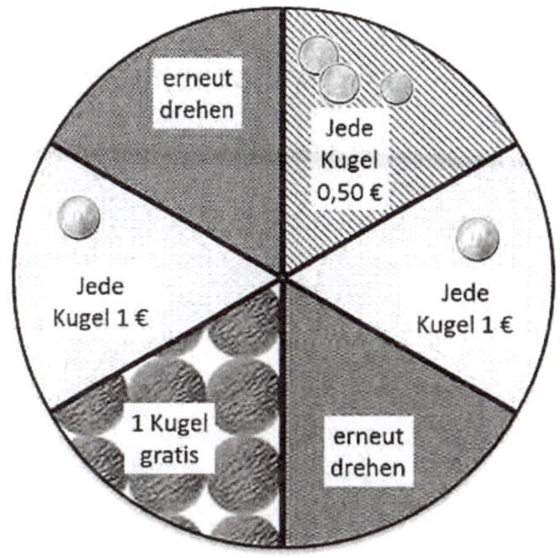

a) Nils dreht einmal an dem Glücksrad.
Bestimme die Wahrscheinlichkeit, dass er beim ersten Drehen direkt eine Kugel gratis bekommt.

Antwort: ______________________________

b) Leo dreht zweimal hintereinander auf das Feld ‚erneut drehen'. Bestimme die Wahrscheinlichkeit für dieses Ereignis.

Antwort: ______________________________

c) Nils behauptet: „Die Wahrscheinlichkeit für das Ereignis ‚Jede Kugel 0,50 €' ist insgesamt größer als 20 %, da die Möglichkeit besteht, erneut zu drehen." Hat Nils recht? Begründe deine Entscheidung.

Antwort: ______________________________

Die Eiskugeln für 1 € haben einen Durchmesser von 3 cm. Die Eisdiele bietet auch Riesenkugeln mit 35 ml Eis an. Eine Riesenkugel kostet 2 €.

d) Paul behauptet: „Beim Kauf einer Riesenkugel bekomme ich im Vergleich zu zwei normal großen Kugeln mehr Eis." Hat Paul recht? Begründe durch eine Rechnung.

Antwort: ______________________________

Die Freunde entdecken in der Eisdiele die Informationen zu Speiseeis rechts.

Marktanteile am Speiseeis in Prozent.
2014 wurden 7,6 l Speiseeis pro Kopf in Deutschland hergestellt.
617 Mio. Liter = 100 %

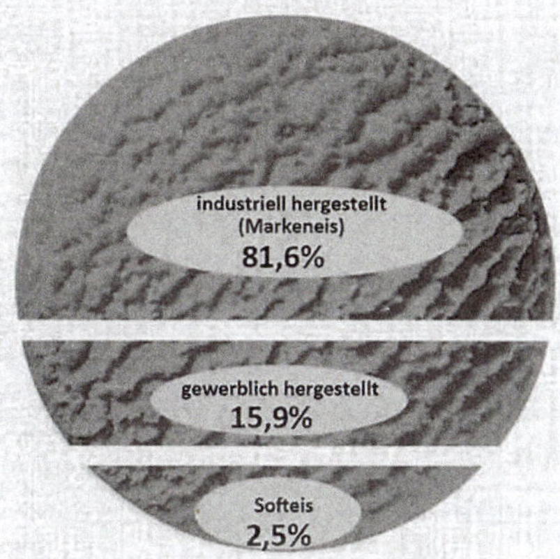

e) Berechne das Volumen an Softeis in Litern, das im Jahr 2014 pro Kopf in Deutschland hergestellt wurde.

f) Berechne die Einwohnerzahl Deutschlands, die dieser Grafik zugrunde liegt.

g) In der Abbildung werden die verschiedenen Marktanteile am Gesamtverkauf dargestellt. Begründe, warum die Grafik zur Verdeutlichung der prozentualen Anteile irreführend ist.

Antwort: ______________________________

____

Bearbeitungszeit: 1. Prüfungsteil 30 Minuten; 2. Prüfungsteil 90 Minuten

Prüfungsteil I

Aufgabe 1

Ordne folgende Zahlen der Größe nach:

10^8; 2^{-1}; $\frac{1}{3}$; 10^{-1}; 2^8

10^{-1}, $\frac{1}{3}$, 2^{-1}, 2^8, 10^8

Aufgabe 2

Claude wirft mit einem besonderen Spielwürfel. Rechts siehst du das Netz des Würfels.

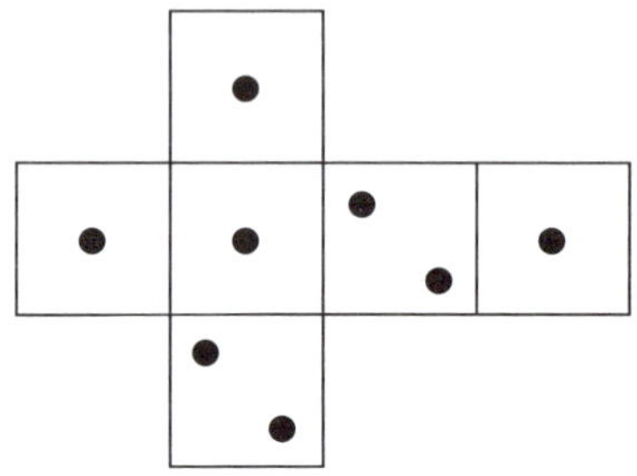

a) Begründe, dass die Wahrscheinlichkeit für die Augenzahl „2" bei einem Wurf mit dem Würfel $\frac{1}{3}$ beträgt.

$\frac{2}{6} \rightarrow \frac{1}{3}$

b) Der Würfel wird zweimal geworfen. Ergänze in dem Baumdiagramm die fehlenden Wahrscheinlichkeiten und Ereignisse.

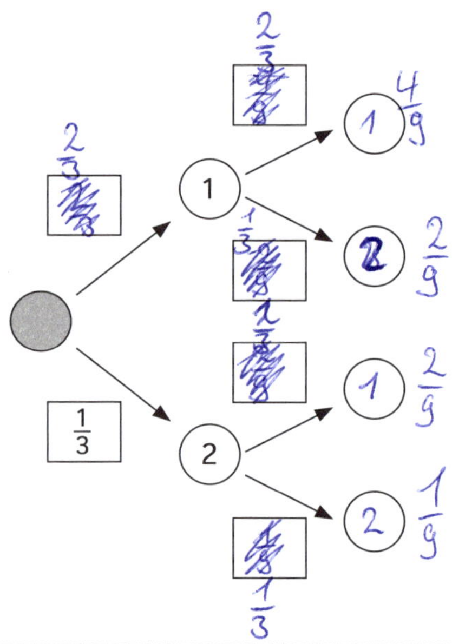

c) Berechne die Wahrscheinlichkeit, zweimal eine „2" zu würfeln.

$\frac{1}{3} \cdot \frac{1}{3} = \frac{1}{9}$

Aufgabe 3

Eine zylinderförmige Getränkedose enthält 0,33 *l* Mineralwasser und hat einen Durchmesser von 67 mm.
Wie hoch ist die Getränkedose mindestens?

Antwort: Die Dose ist mind. 9,4 cm

$V = 0{,}33 = 330\,cm^3$, $d = 6{,}7\,cm$

$r = 3{,}35\,cm$

$G = \pi \cdot r^2 = \pi(3{,}35)^2 \approx 35{,}26\,cm^2$

$h = \frac{V}{G} = \frac{330\,cm^3}{35{,}26\,cm^2} \approx 9{,}4\,cm$

Aufgabe 4

Löse folgendes Gleichungssystem mit einem geeigneten Verfahren:

(I) $2x + y = 2$

(II) $x - 0{,}5y = 2$

Lösung: x = ____________, y = ____________

Aufgabe 5

Bei einem Dreieck ABC ist die Seite $\overline{AB}$ 4 cm lang (vgl. Abbildung). Der Winkel α bei dem Punkt A ist 40° groß.

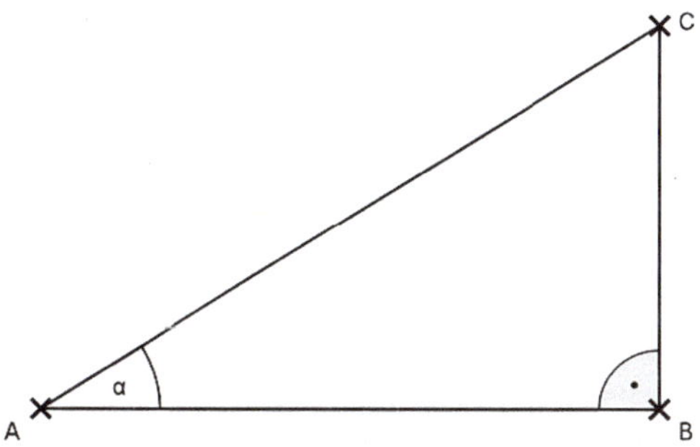

Skizze eines Dreiecks, nicht maßstabsgetreu

a) Bestimme rechnerisch die Länge der Seite $\overline{AC}$.

$\overline{AC}$ = ________________

b) Bestimme rechnerisch die Länge der Seite $\overline{BC}$.

$\overline{BC}$ = ________________

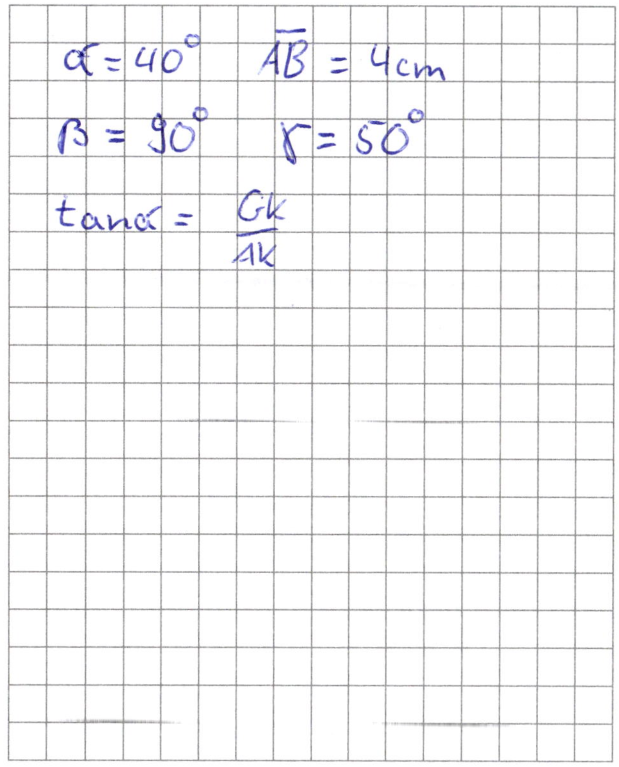

Aufgabe 6

Mit einer dynamischen Geometriesoftware werden zwei Geraden durch die Punkte A und B bzw. C und D erzeugt. Die beiden Geraden haben den gemeinsamen Schnittpunkt S (vgl. Abbildung unten).

Was verändert sich, wenn du den Punkt A auf die Koordinaten (2 | 8) verschiebst? Begründe.

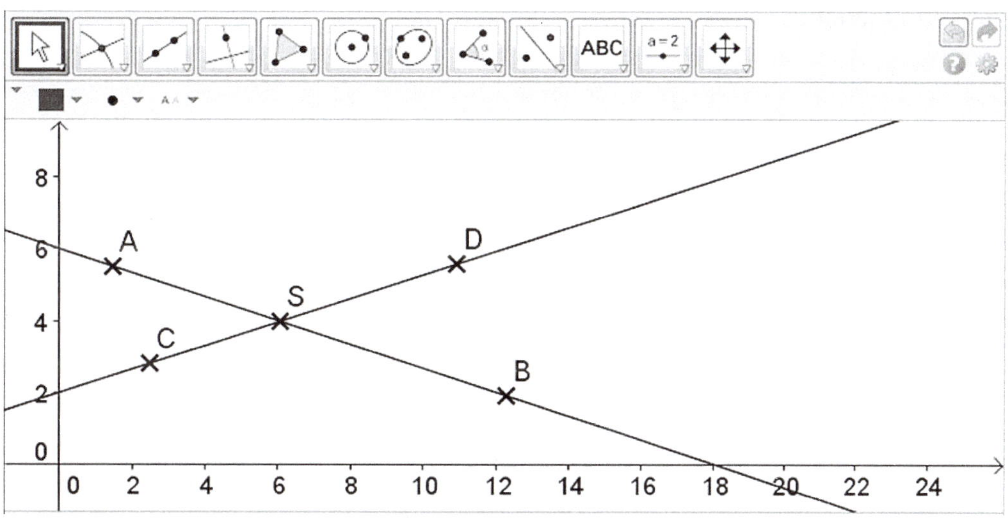

Bildschirmfoto aus einer dynamischen Geometriesoftware

Antwort: ____

____

____

Prüfungsteil II (ausgewählte Aufgaben)

Aufgabe 3: Tetraeder in Bottrop

Der „Tetraeder" ist ein begehbarer Aussichtsturm in Bottrop. Die äußeren Kanten des Stahlgerüstes des Tetraeders haben jeweils die Länge von ca. 60 m (vgl. Abbildung rechts).

Abbildung: Der Tetraeder in Bottrop

Luca baut ein verkleinertes Modell des Tetraeders mit der Kantenlänge von 60 cm aus Holzstäben.

a) In welchem Maßstab baut Luca das Modell?

Antwort: ______________________

b) Die Seitenflächen sind jeweils gleichseitige Dreiecke.
Berechne die Höhe einer Seitenfläche des Modells.

Antwort: ______________________

Zur Bestimmung der Oberfläche einer Pyramide müssen die Inhalte der Grundfläche und der Seitenflächen addiert werden. Luca findet in einer Formelsammlung jedoch: $O = 2 \cdot a \cdot h_s$, wobei a die Kantenlänge und h_s die Höhe der Seitenfläche bezeichnen.

c) Begründe, wie die Oberflächenformel des Tetraeders zustande gekommen ist.

____

____

Dem Tetraeder in Bottrop liegt eine mathematische Struktur zugrunde. In jedem Schritt entstehen aus jedem Tetraeder vier kleinere Tetraeder. Die Kantenlänge der neuen Tetraeder wird dabei in jedem Schritt halbiert (vgl. Abbildungen unten).

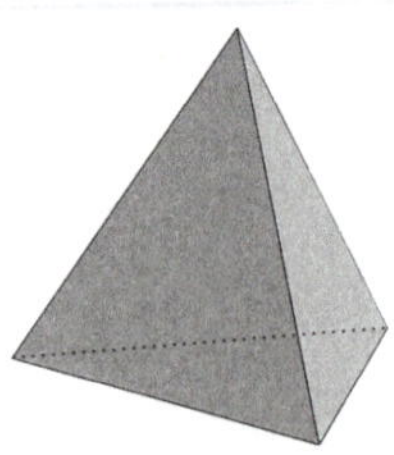

Schritt 0 (Ausgangsfigur)

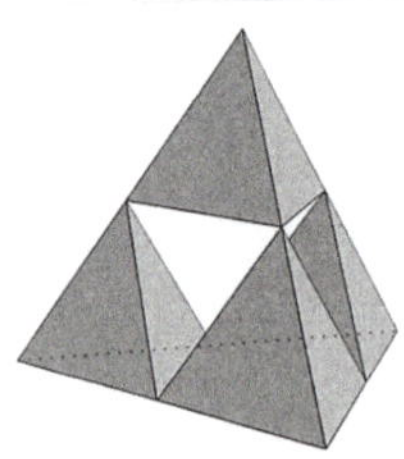

Schritt 1

Schritt 2

d) Ergänze die folgende Tabelle:

	Schritt 0	Schritt 1	Schritt 2	Schritt 3
Anzahl der Tetraeder	1	4		64
Kantenlänge eines Tetraeders (cm)	60	30		

e) Gib einen Term an, mit dem du die Anzahl der Tetraeder für jeden beliebigen Schritt *s* berechnen kannst.

Term: ______________________

Luca fährt mit seiner Klasse zum Tetraeder nach Bottrop, um dort am „Tetraeder Treppenlauf" teilzunehmen. Bei dem 5 km langen Lauf müssen die Jugendlichen 387 Treppenstufen und 128 Höhenmeter überwinden.

Die Klasse teilt sich in zwei Gruppen (A und B). Die Veranstalter veröffentlichen von jedem Teilnehmer die Ergebnisse. Luca stellt für die Gruppe A und die Gruppe B die Ergebnisse in zwei Boxplots dar.

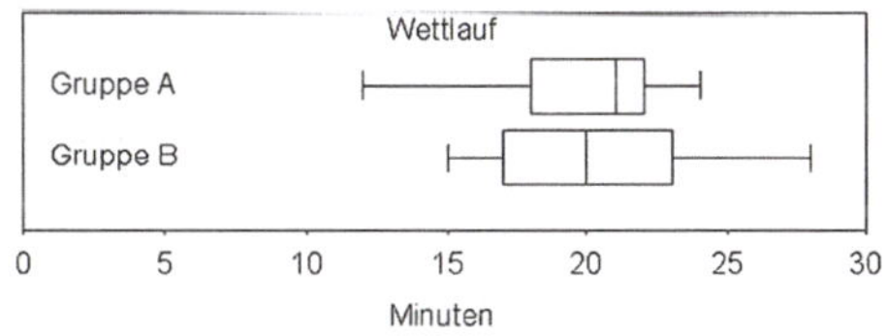

Abbildung: Die Boxplots zeigen die Laufzeiten in Minuten. Der Median der Laufzeiten aus Gruppe B beträgt ca. 20 Minuten.

f) Kreuze an, welche Aussagen zutreffen:

	trifft zu	trifft nicht zu	nicht entscheidbar
Aus einem der Boxplots kann man die durchschnittliche Laufzeit ablesen.			
Die meisten Läufer haben weniger als 22 Minuten gebraucht.			
Die Läufer sind in kleinen Gruppen gelaufen.			

Leider hat sich die Klasse vor dem Lauf nicht darauf geeinigt, wie die Siegergruppe ermittelt wird.

g) Gib ein Argument anhand der Boxplots dafür an, dass die Gruppe A gewonnen hat.

Antwort: ______________________

h) Gib ein Argument anhand der Boxplots dafür an, dass die Gruppe B gewonnen hat.

Antwort: ______________________

Stichwortverzeichnis